品成

阅读经典 品味成长

愿你学会爱自己

墨多先生

做自己的光

邱力非 —— 著

人民邮电出版社

北京

图书在版编目（CIP）数据

做自己的光 / 邱力非著． -- 北京 ： 人民邮电出版社，2025． -- ISBN 978-7-115-66888-2

Ⅰ．B821-49

中国国家版本馆 CIP 数据核字第 20254J1Y52 号

◆ 著　　　　邱力非
　责任编辑　冯婧婳
　责任印制　马振武

◆ 人民邮电出版社出版发行　　北京市丰台区成寿寺路 11 号
　邮编 100164　　电子邮件 315@ptpress.com.cn
　网址 https://www.ptpress.com.cn
　文畅阁印刷有限公司印刷

◆ 开本：720×960　1/32
　印张：6.75　　　　　　2025 年 4 月第 1 版
　字数：101 千字　　　　2025 年 9 月河北第 3 次印刷

定价：52.80 元

读者服务热线：(010) 81055671　印装质量热线：(010) 81055316
反盗版热线：(010) 81055315

无论你多么努力地去成为一个成熟的大人，内心深处仍会有原生家庭留下的未曾治愈的伤，那里潜藏着你的敏感、脆弱和自卑，在更深处则是对爱的怀疑，因此你也从不相信自己值得被爱。但你要知道，并非所有关系都能修复。你要学会释怀，学会自我疗愈，不管是否和解，你依旧要活得精彩。毕竟，你想要的人生，始终要靠自己成全。

荣格曾经说：「每个人都有两次生命。第一次是活在他人的目光之下，而第二次则是活给自己的。」人生短暂，这一生，请只为自己而活，你要活得尽兴，活得繁花似锦。

一场雨落下，
总有些种子在扎根，
总有些生命在萌芽。
无论顺境逆境，
只要向前走，
一切发生都有意义。

对于过去的伤害，你可以理解，可以放下，但不一定要原谅，你不需要把自己一直困在让你受伤的关系里。你要知道，真正让你不自由的，是内心的牢笼，其实每一个当下你都有选择。

当我内心足够强大

维吉尼亚·萨提亚

当我内心足够强大，

你指责我时，

我感受到你的痛苦；

你讨好我时，

我看到你需要被认可；

你过于理性时，

我体会到你的脆弱和恐惧；

你打断我时，

我明白你渴望被看到。

当我内心足够强大，

我不再防卫，

所有力量在我们之间自由流动。

委屈、沮丧、内疚、悲伤、愤怒、痛苦……

当它们自由流淌时，

我在悲伤中感到温暖，

在愤怒中找到力量，

在痛苦中看到希望。

当我内心足够强大，

我不再攻击。

我知道，

如果我不再伤害自己，

就没有人可以伤害我。

我放下防备，

敞开心扉。

当我的心变得柔软时，

便在爱与慈悲中，

遇见明亮而温暖的你。

原来，让内心强大，

只需要看清自己。

接纳自己做不到的，

欣赏自己拥有的，

并且相信，

走过这段旅程，

终究可以活出自己，

绽放自己。

序言

万物皆有裂痕，那是光照进来的地方

在执业之初，有人问我这样一个问题：咨询师在面对一次又一次陷入困境的来访者时，究竟能做些什么？许多年来，我始终在思考。我们虽然在工作中得以窥见生命的复杂，洞见人性的多面，理解情感的丰富，但归根结底，在来访者痛苦与困惑时，我们始终无法代替他们，帮助他们解决生活中的一切问题。我们只能秉持"助人自助"的原则，尽最大努力向他们提供方法，希望他们以此作桨，并全然相信他们有能力渡过生命之河。

当你翻开这本书时，或许正感到内心被无数情绪包围着，你感到迷茫、脆弱，甚至无助。作为一名心理咨询师，我曾目睹许多与生活纠缠、搏斗的女性，她们伤痕累累，渴望获得"重生"的力量，摸索出一条通往内心安宁的道路。渐渐地，我意识到，无论来访者的问题有多么复杂，这些问题始终围绕着一个主题：**如何面对未被原生家庭满足的情感需求以及未曾修复的原生家庭带来的创伤。**

或许你曾因原生家庭的情感负荷，习惯了将各种需求埋藏在心底，竭力维持表面的完满；或许你正周旋在妻子、母亲、员工、朋友多重身份之间，身处人生的十字路口深感疲惫与迷茫；或许你正因生活骤变、工作重压或家庭责任，时刻体会在命运的旋涡中挣扎……无论你是想摆脱困境、实现自我成长还是追求人格完善，你都能从这本书中找到共鸣，获得启发。**这本书，便是为了帮助你用爱重新养育自己而诞生的。**

生而为人，原生家庭的话题无法规避，原生家庭深深地影响着我们对待自己、他人与世界的方式。当我们提到家时，总会联想到避风港，家一直是温暖、安全和爱的代名词。**在大多数语境中，家成为一种前提。**当我们受到来自外界的伤害时，家让我们没有顾虑地与始作俑者对抗，争取自己应得的权利；但当我们受到家庭的伤害时，事情就变得复杂起来。很多来访者在谈及原生家庭时，都会说："我知道父母是爱我的，但……""我相信我们之间是有情感联结的，只是……"

原生家庭虽然可能会给人带来创伤，但伤口亦是希望的入口。**虽然你无法改变过去，但你有能力选择现在。这本书希望传递的信息是，尽管你过往未曾被完好地关照，但你依然有能力与恒心用爱重塑人生。**书中的每个案例、每个原理、每段思考，都是为了帮助你停止无情的自我审视和批评，发掘自身无限的潜能和无穷的力量。

每个成人要想重新养育自己，所要迈出的第一步就是自我觉察。**法国哲学家卢梭曾言："人生而自由，却无往不在枷锁之中。"**根深蒂固的思维枷锁，并非来自外界，而是来自我们的内心。我们往往会将伤痛转化为负面的自我认知，认为自己一无是处，不配拥有美好的人生。不过，正因每一道裂痕都能透入光芒，所以我们的内心深处才会隐藏着巨大的力量。**自我觉察是一切疗愈的起点——看见那些伤口，并承认它们的存在。只有这样，我们才能挣脱无形的枷锁。**

　　在自我觉察后，至关重要的便是信念重组。我们常常会陷入过往的关系模式，尤其在原生家庭的影响下，我们的信念系统早已被烙上深深的印记。在成长的过程中，那些过往的思想与经验会让我们形成固定的认知框架，限制我们对生活的选择。然而，真正的勇敢在于，我们可以重新定义过往的经历，不必被过去的痛苦牢牢束缚，禁锢在旧有的关系模式中。**疗愈并不意味着原谅或消除那些伤害，而是学会从一种全新的视角看待它们。**通过重塑属于自己的信念体系，我们将发现自己仍有掌控生活的能力，每个当下自己仍有选择的自由，仍可以创造自己理想的生活。

　　秉持着信念重组的态度，我们开启了自我养育之路。这不仅是对当下自我的关照，也是对内在小孩的疗愈。**内在小孩是我们人格中最脆弱、最柔软的部分，代表着我们与生俱来的天性，承载着我们对自由、快乐、被关爱的渴望。**重新养育自己，并非一种奢侈的行为，而是一项每个人都应学会的生存技能。无论过去发生了什么，现在我们都拥有关爱自己、支持自己的权利。**无尽的爱，只能自己给予自己。**我们不应该仅仅为了完成某些任务而生活，美好的生活需要我们滋养自己的情感，照顾自己的身体，体会当下的每一刻。

当然，要想重新养育自己，我们还需要一次心灵的深度疗愈。**"鸡蛋从外打破是食物，从内打破是生命。"** 真正的疗愈必须向内看见。当我们开始寻找自己的内在力量时，外部世界也会随之改变。在这个过程中，我们需要与不确定性共处，接纳那些焦虑与不安。**真正的力量从来不是从外界获取的，它来自我们平和与坚定的内心深处。** 当我们能与所有积极、消极的情绪和谐共处时，我们会发现疗愈的道路通向更自由的现在和更广阔的未来。我们不会再被过去所困，而是会自内而外地焕发新的生机，从容地迎接生命中的一切可能。

也许你会问，这一疗愈旅程的最终目标是什么。这个问题的答案简单却隽永：重启人生。**正如萧伯纳所信奉的："生活的重点不在于找到自我，而在于创造自我。"人生旅程从来不需要我们沿着固定的轨迹前行，它是一种不断创造与调整的艺术。** 每个人都有权利决定自己命运的走向，奏响属于自己的人生乐章。不与外界对抗，且与自己和谐共处，这样能使我们活得更加真实、自在。

重新养育自我是结束，也是开始。这本书将引领你踏上一段直面内心与自我、不断向内探索的旅程。**在这段旅程中，你会慢慢发现，你一直在寻找的力量与答案，其实早已存在于你的内心深处。**你无须依赖外界的拯救，也不必等待他人的认可，无须惧怕，无须焦虑，允许万事万物无碍地穿过自己。真正能够带你渡过生命之河的，始终是你自己。学会爱自己，整个世界也将以永恒无尽的爱来拥抱你。

第一章

自我觉察：自内而外打破自己的心理枷锁

所谓命运，就是强迫性重复　　　003

重塑自我认知，发掘无限可能　　　011

无条件地自我关爱　　　016

拒绝情绪羞耻，全情体验生命　　　022

为只此一次的人生负责　　　029

第二章

信念重组：被伤害不是你的错，但快乐是你的选择

直面家会伤人，不要否认伤害　　　037

每一个当下，你都有选择　　　044

放下助人情结，尊重他人命运　　　050

关注他人，也别忘了关照自己　　　058

感受一个人的宁静与狂欢　　　066

第三章

自我养育：用爱自己的方式重新养育自己

重新养育自己的内在小孩   075

与不完美的自己和解   081

允许自己表达真实的感受   089

捍卫自己的权利和边界   097

爱自己就要照顾好自己的身体   104

第四章

深度疗愈：找回你的内在力量

改变负面关系模式，找回自信与力量　　115

世界是我的牡蛎，我将以利剑开启　　126

与焦虑和不安握手言和　　133

摆脱习得性无助，夺回人生主动权　　139

告别社交焦虑，拥有和谐的人际关系　　145

第五章

重启人生：引领自己到达想要到达的地方

打碎并重塑自己的"社会时钟"　　　155

活出富足喜悦的自己　　　162

持续学习，终身成长　　　169

零压社交，获得独一无二的情感体验　　　175

凡事发生皆有利于我　　　181

第一章

自我觉察：自内而外打破自己的心理枷锁

法国思想家卢梭说："人生而自由，却无往不在枷锁之中。"
别让那些没被重视的感受、未被满足的需求成为困住你的枷锁。
开始审视、理解生命中的创伤，是你踏上独立、坚强与自主之路
的第一步。带着觉察去生活，就是最好的疗愈。

所谓命运，就是强迫性重复

有人曾说："如果你一直做着同样的事情，却期待不同的结果，就是疯狂。"生命绵延的轨迹，有时会被无形的力量扭曲，形成一个循环往复的莫比乌斯环。莫比乌斯环没有起点，也没有终点，只有无尽的重复。被困于此环中的人，如同行走在既定的轨道上，周而复始。

重复发生的异地恋

这是明钰[1]第二次来我这里做心理咨询，相比半个月前，她的状态明显好了许多。记得她第一次推门而入时，面容疲惫，双眼无神，整个人仿佛被笼罩在一片灰色的迷雾之中。明明才二十多岁，她的脸上应该洋溢着甜美的笑容，可她的神态却像个行将就木的老人。在我向明钰招手示意后，她反应了几秒，才迈着沉重的步伐走进咨询室。

我拉开遮光帘，让午后温暖的阳光洒进房间，营造出舒适安全的氛围。明钰僵硬地坐在椅子上，双手无意识地紧握成拳。过了好一会儿，她才缓缓摊开手掌，手中是一枚戒指，她犹疑地说道："墨多老师，我……最近得知他订婚的消息，还是有点儿想不开……"

看着窗外随微风摆动的合欢花，明钰缓缓向我倾诉起她的情感之路。原来，她和她的前男友在一次单身青年联谊活动中结识，他们惊讶地发现两人的工作地点在同一栋写字楼，本来两人应该能常常见面，但前男友从事审计工

1　书中提及的来访者均为化名。

作，经常要出差。恋爱一年多，每次见面都是前男友刚出差回来，两人急匆匆地在公司附近见一面吃顿饭，她就要送他去高铁站再一次出差。明钰有些无奈地自嘲道："我和他从确立关系的第一天起就跟异地恋差不多。明明两个人都在同一栋大楼里上班，一个月却还是见不上几面。您知道吗？去年我的生日是和他在高铁站过的，对着生日蜡烛许愿的时候，我只希望明年不要再把高铁站当作我们的约会地点了。"

两个人的关系走向结束的导火索是男方父母多次催促他回到家乡，说是家里早早给他买好了婚房，让他在家乡找一份稳定的工作。

"他也觉得长期出差漂泊感太重了，再加上父母也不再年轻，身体上总是有些小病小痛。思考良久，他决定回到家乡。他回去之前我们也没提分手，他就说先回去看看家乡那边有没有工作机会，有的话把我也接过去，但是没想到等来的却是他的分手信息。"

不过，明钰也对前男友的选择表示理解，毕竟自己在这个城市打拼时，也多次想过要不要回老家过安逸一点儿的生活，前男友只是做出了一个理性的选择。只是当明钰得知他们分手后没多久，前男友就被安排相亲时，她还是不可避免地产生了一种"被抛弃"的感觉。

在第一次咨询中，当我听着明钰诉说悲伤、痛苦的情感经历时，就觉察到了一丝异常。大多数来访者在聊及失恋或与前任的过往时，一般情绪会比较激动，很多人还会说着说着低声啜泣起来。但明钰却有种"不正常"的冷静，当她讲到与前男友既甜蜜又苦涩的往昔时，也只是偶尔皱一下眉头。更多的时候，还没等我开口，她已经自问自答式地开始分析起横亘在两人之间的问题。似乎冥冥之中她早已预知自己一定会分手，以及因为什么分手。

就在我们的咨询进行到中途的时候，明钰突然感慨道："不知道为什么，明明我最害怕异地恋，但每一次恋爱最后都会变成异地恋。**或许我上辈子是织女，注定了要和牛郎天各一方。**"

看似一句玩笑话，但职业敏感性让我对"每一次""注定"这样的字眼分外关注。在我的追问下，明钰回忆起自己更早的一段感情经历："大学时，我也经历过一段短暂的校园恋爱，毕业时他选择保研留校，而我决定出去闯一闯。因为在人生道路方面有分歧，毕业后没多久，我们就分手了。"

通过她的叙述，我似乎发现了一些端倪。

今天是明钰第二次来访，结合上一次来访的信息，我开始有意地追问她过往的人生经历。沉默良久，明钰终于开口："我很小的时候，父母为了养家要去外地打工，我被寄养在奶奶家。只有等到晚上父母收工了才能给他们打电话，每次都是匆匆聊几句就挂断了。每当假期结束父母离开家时，我都哭得稀里哗啦，但还是留不住他们，直到长大些我才不哭了。"言及此处，我好奇地追问："在那个时候你是刻意忍住不哭，想做个懂事的孩子吗？"听到我的提问，明钰玥显迟疑了一下，想了想说："可能也有这种想法吧，我长大后就不怎么爱哭了，我也记不清了。"听到她如此不确定的回答，我没有再追问，我想这可能是因为她下意识地启动了心理防御机制。

明钰转移了话题，说道："为什么爱人不能时时刻刻见面？每次恋爱前，我都会先和对方说自己不能接受异地恋，但最后还是会因为异地恋分手，真是讽刺。"说到这里时，她显得有些激动，她说她不明白为什么一个不愿意与爱人分离的人，却总是重复进入异地恋的境况？

在送走明钰后，我也终于从她两次来访描述的信息中找到了线索。

强迫性重复

从明钰的自述中，我发现她因为在童年时期与养育者反复分离，所以形成了一种强迫性重复的情感模式。她说自己不喜欢异地恋，却两次都选中了最有可能与她分离的伴侣。一个是毕业后与自己未来规划完全不同的男生，另一个是因为工作需要常年出差的男生。

"强迫性重复"这一概念最早由心理学家弗洛伊德提出。它是指一个人会不受控制地重复体验一些曾经的创伤，或者不断地回忆过去的经历、重复某些动作或话语、与特定对象建立关系等。强迫性重复与创伤经历之间存在密切的关系，这种行为的背后往往隐藏着一些心理冲突和不安，个体试图通过重复缓解痛苦和不适感。这种重复性行为和思维模式，虽然在意识层面可能不容易被察觉，却在潜意识中持续影响个体的情感体验和人际互动。

在明钰的记忆中，她的父母沉默寡言，她与父母聚少离多。幼小的明钰在最初体验分离时，感受到了痛苦，并用哭喊作为表达的手段。但随着时间的推移，她逐渐适应了与父母分离，并将分离作为一种常态。因此，和他人分离是她非常熟悉的，也有可能是她唯一熟悉的亲密关系模式。

所以她在成年后，虽然理智上抗拒异地恋，但潜意识可能会在无形中强迫她反复寻找符合自己亲密关系模式条件的伴侣，以再次体验熟悉的情境。她原以为自己已经走出了重重阴霾，却每每又不由自主地回头，重新踏上那条熟悉的老路，仿佛生活注定要在这个环形轨道上不断重复、循环。

凡是过往，皆为序章

反复爱上不能长时间陪伴自己的人是明钰拿到的人生脚本。想要改变脚本，我建议她可以尝试如下几步。

首先，觉察自己陷入今日困境是由自己的行为和思维模式导致的。她需要从客观的角度看待自己的行为。其次，确定源头，考虑童年与原生家庭因素，挖掘问题的根本。最后，建立新的模式。这个过程往往是极为困难的，但不停地在原有的模式中加入新的改变，就有机会改造原有的模式。

凡是过往，皆为序章。无尽的爱，只能自己给予自己。重新养育自我是结束，也是开始。我们需要重新审视内在力量，依靠无尽的勇气和坚韧脱离莫比乌斯环，开启新的人生之路。

重塑自我认知，发掘无限可能

幼时我家附近的小公园是我和小伙伴们的秘密乐园，我们总是在那里打闹嬉戏、尽情玩乐。公园的入口处有一面大的哈哈镜，我们总会被它吸引过去，站在镜前动来动去，看着镜中自己扭曲的身形乐不可支。

虽然当时年纪尚小，但我们都清楚地知道，镜中的身形并不是自己真实的样子，只是哈哈镜将我们的形象扭曲了而已。可是长大后在现实生活中，我们却总是不能清晰地认知自我，**常常将脑海中想象出来的负面形象误以为是真实的自我形象。**

扭曲的自我形象

　　成美是我学生时代就认识的朋友，她热情开朗、人缘极好。然而，学生时代她每次需要做自我介绍时，总是说："我没什么天赋，做什么都普普通通，希望大家多担待。"事实上，开学后不久的她就参与了数个社团活动，又因为学习成绩优异，被评选为班干部。我们以为她这样说只是自谦，所以并没有把这件事放在心上。

　　可是大学前几年，我见证了成美对"自我形象"的一种扭曲认知，以及这种认知给她带来的折磨。平常，她总是跑在各项活动的一线，写策划案、开会、执行计划……她总能发现每个人身上的闪光点，并把它放大到极致。在每场活动圆满举办后，我们都想簇拥着她上台，她却每次都挥手拒绝，把帽檐压得更低。"我也没做什么，我太平庸了，只能为大家做这点儿小事。"

　　我常思忖，到底哪一个才是真正的成美？是大家眼中细致负责、执行力强的女孩，还是她自己脑海里那个平庸的姑娘？看似简单的疑问，却指向了关键的主题：我们该如何认知自我？真正的"我"究竟是什么样子的？

看见闪闪发光的自己

自我认知是指一个人对自己的内在状态、个人特质、行为、情感等方面的理解。依靠自我认知，我们能够充分理解自己行为背后的原因，从而找到更加自洽的生活模式。自我认知本身是积极的，可以促进个体自我调节和自我改进。但是，错误的自我认知会引发一系列负面后果，如使人过度反思、夸大自身缺陷等，从而干扰正常的自我评价过程。比如，成美就是始终以"平庸"作为自我认知的关键词，最终导致了对自我形象的评价失衡。她被错误的自我认知裹挟，执拗地否定自己，对自己所取得的成就视而不见。

某天活动结束后，大家热热闹闹地要去庆功，成美照例留到最后扫尾。我发现自己落了东西返回场地，却意外地看见她默默地躲在角落里哭泣。刚举行完一场成功的晚会，成美之所以毫无喜悦之情，是因为她看到台上神采飞扬、载歌载舞的同学们，再看看平平无奇的自己，一阵心酸涌上心头。

成美与我分享了许多年前她认识到自我的瞬间：当时

她怀中抱着沉重的舞台道具正吃力地上楼梯，与一群画着舞台妆、穿着演出服的演员们擦肩而过。"我觉得自己好普通，似乎永远无法成为她们，楼道的窗户上映出了一个灰扑扑的女孩形象。"

听完成美的话，我打开手机相册，给成美看了一张一个同学抓拍的成美正在工作的照片，她一如往常穿着黑色卫衣，戴着鸭舌帽，正高举一只手臂向舞台上的人示意。她神情专注，整个人显得坚韧、可靠，给人一种踏实和可信赖的感觉。

成美惊觉自己也有过这么闪闪发光的时刻，但自己之前却从未意识到。我真诚地对她说：**"每一面都是你，但每一面都不能代表你。如果你一味地对自己的优秀视而不见，就是对真实的、完整的自我的忽视。"**

如何认识真正的自己

在这里，我想给大家提供两种简单易行的获得正确的自我认知的方法。

第一种方法是自我评价法。这种方法需要我们在日常生活中，从客观的角度观察自己的言行，对自己进行探索和评价。例如，在完成一项任务的过程中，你可以记录自己在完成任务的过程中做得好的地方和有待改进的地方；记录自己在面对困难和挑战时反应如何；记录自己在处理问题时情绪如何……看见是改变的开始，时刻注意自己的言行，不让自己被习惯性思维主导。

第二种方法是他人评价法。我们可以选择自己身边信任的人，如父母、师长、好友，向他们提问："你认为我有哪些优势与不足？""你是从我的哪些举动中发觉的呢？"我们可以用自己对自己的评价与他人对自己的评价做比较，如果他人提出了我们没有认识到的自己的优势，我们也需要及时地肯定自己。

临近毕业时，成美作为优秀毕业生致辞：**"希望每个人都不只赞美高山巍峨，也能发现平原和丘陵的秀美。"**全班同学拍了一组毕业照。我们让成美站在最中间，她穿着学士服，捧着一束百合，正笑得灿烂。

一味地否定自己，只会让自己做什么事情都体会不到快乐。在漫长的成长过程中，我们需要不断地了解自我，发现自己的优势和潜力，并利用它们实现自己的梦想和目标。

无条件地自我关爱

　　在当前的咨询语境下，"爱"成为一个很难不被提及的话题。每个人都希望自己能得到无条件的爱，为此我们探寻人性的本质，找寻真实的自己。作家卡尔·奥韦·克瑙斯高曾在随笔《在春天》中这样写道："**无条件的爱是唯一不受束缚但却让人自由的爱。**"

没有一种批判比自我批判更猛烈

添歌成为我的来访者是件很偶然的事情，本来她之前是作为陪同者陪她的伴侣邵为来咨询室的。由于邵为的咨询课题和亲密关系有关，因此在他后续的咨询中，我同时邀请了添歌和邵为一起来到咨询室，共同应对他们的关系危机。在结束邵为的咨询后不久，添歌一个人来到我的工作室预约了咨询。她告诉我，她和邵为分手了，她生来就无法与他人建立亲密关系，因为她太差了，她深信没有人会爱这样的自己。**虽然她在初遇邵为的那天就预想到了他们的结局，但是她现在依旧很痛苦。**

和添歌的咨询在早期进行得很吃力，她的心理防线始终坚固，在所有对话逐渐深入之前，她就会用一些自我贬低的言辞来强制结束对话。我们的关系真正进入下一个阶段是由于聊到了童年的托管经历，我们从小时候都会用标着自己名字的搪瓷杯和碗聊起，最终话题落在了童年最喜欢的人上。谈话进行到这里，我明显感受到她降低了对我的防备程度，真正允许我进入她的内心世界。

"小时候爸爸妈妈做生意很忙，我总是待在托管阿姨的家里。她那里有十二三个小孩，除了全天托管的小孩，其他小孩只有在中午或下午才会过来。而我是那个唯一被全天托管的小孩。"

她的眼睛有一点儿湿润，低声道："托管阿姨姓孙，我们叫她孙妈妈。她总是忙忙碌碌，她的怀抱很温暖，她经常给我搬一把小凳子让我看着她洗碗、收拾东西。她也会带我去市场买菜，骄傲地告诉别人我是她的小宝贝。我记得那时午休盖的被子的颜色是艳丽的明黄色，但我不想和其他人用一样的颜色。于是孙妈妈给我换了粉色的被罩，当时被很多小朋友羡慕。"

"她当时怎么那么喜欢我呢？那时的我矮小、瘦削，头发也枯黄得像杂草一样，但她总是很有耐心地给我扎不一样的辫子。"

在孙妈妈家没待多久，添歌就因为父母工作变动搬了家，她就再也没见过孙妈妈，连同记忆也被加上了一层模糊的柔光滤镜。之后她上了小学，家里也迎来了新生儿。当添歌回忆起自己在家中的称呼变成了"姐姐"时，她执拗地不肯落泪。

"如果孙妈妈还陪在我身边，她就不会这样叫我。"没有了孙妈妈的陪伴和耐心教导，添歌的生活里只剩下父母无穷无尽的要求和评判。"你是姐姐，你要让着弟弟。""必须这样做，别问为什么。""你怎么这么不懂事、不听话？"父母的声音又回荡在添歌的耳畔。

"我和家人都不亲，家对我来说是个很陌生的词。如果硬要说它代表什么，那大概就是房子和钱吧。"

专制型养育方式

养育方式是指父母在抚养和教育子女的过程中表现出的一般行为模式，既包含父母的教养方式，也包含教养态度与情感，它反映了亲子互动的性质，具有跨时间、跨情境的稳定性。美国发展心理学家戴安娜·鲍姆林德从回应和要求两个维度将养育方式划分为四种类型——专制型养育、权威型养育、放任型养育、忽视型养育。

专制型养育方式是一种限制性和惩罚性的养育方式，是指父母在孩子的成长过程中要求孩子必须遵循父母的指令并尊重父母的工作和努力。专制型父母对孩子施加严格的限制和控制，并且几乎不进行言语沟通。添歌就是在这样"高要求、低回应"的家庭中成长起来的，父母要求她严格执行命令但不向她做出解释，添歌听到的最多的一句话就是"你必须按照我说的做"。**她的喜悦无人分享，她的痛苦无人在意，她的呐喊没有回应，她的控诉被强制按下静音。**如她所言，"虽然已经成年，但我的脑海里总是回荡着'你不够好！''你不懂事！'的批评声。"如果一个人把外界的批判内化为自我批判，就会怀疑自我存在的价值，进而质疑自我存在的必要。

当我们将目光聚焦到家庭后，咨询一改往日的滞涩，变得流畅了许多。**我们无法选择自己的家庭，只能尽全力疗愈自己。**而无条件的自我关爱，是疗愈自己的开始。

爱有条件吗

我曾问添歌是否爱自己，她回答说："也许吧，在我短暂取得一些成就的时候。余下的时间我都在自我评判与批评。"

自我批判的人习惯把错误、失误、挫折或失败都归咎于不可改变的性格，很少从其他角度看待自己。我同她缓缓说道："那你试过用其他的视角看待自己吗？"添歌表情茫然，问道："其他的视角？"

"过去你一直在用批判的眼光看待自己，但这样并没有让事情变得更好。现在请你尝试着换一个角度，看看会发生什么吧。"

不同于无情地批判自己的各种不足或缺点，自我关爱意味着，我们的不足是可以被理解、被接纳的。我们总是在寻找一个愿意无条件接纳我们的人，幻想在面对他时我们不需要任何防御，最后我们发现这个人只能是自己。**只有自己能给自己无条件的爱，当我们开始爱自己时，即使受到了他人的恶意攻击也不足为惧。**

此外，应对自我批判的关键就是改变自己不健康的自我认知。在添歌再一次说出"我就是一个爱无能的人"时，我建议她的表述改为："我是在专制型养育方式的养育下成长起来的，因此在爱他人的过程中可能会感到力不从心，但我在努力改变。"

在这样不断练习的过程中，我们结束了咨询。最后一次咨询，添歌是和邵为一起过来的，我看着他们交叠的双手，真心地祝福他们。也许原生家庭都会在我们的身上留下深深浅浅的印迹，而无条件的自我关爱会使我们成为更好的自己。

拒绝情绪羞耻，全情体验生命

你上次哭是什么时候？

你上次大笑是什么时候？

你上次情绪失控又是什么时候？

不知从什么时候开始，我们经历分离后不再痛苦；取得优秀的成绩后不再兴奋；看到影视剧中的浪漫情节不再感动……终于，我们变成了"情绪稳定"的成人。

负面情绪就不该被表达吗

　　现代社交媒体的兴起，为人们提供了更加开放的情绪表达渠道。如今，人们终于有了更多途径倾诉内心的喜怒哀乐。无论欢欣的时刻，还是悲伤的际遇，每个人都能通过各个平台将自己的情绪分享给身边的人。然而令人痛惜的是，在这条表达之路开放的同时，许多人却因展露真实情感而遭受他人的指责与规训。

　　广雨走进咨询室时，身穿一件简单的白色半袖搭配牛仔裤，脚上是一双帆布鞋。她的短发整齐利落，她的眉头紧锁，神情中透着几分不安。广雨刚刚进入大学不久，主修新闻专业。为了培养未来职业敏感度，她总是紧跟社会热点。她也是一个喜欢分享生活点滴的女孩，常在社交平台分享日常琐事，也经常就时事发表评论和见解。某个夜晚，一则令人心痛的社会新闻深深地刺激了她，于是她有感而发写下长文，在公共平台分享了自己曾经遭遇的被同学欺负的经历。

　　"那天晚上，我在热搜上看到那则新闻，回想起当年的自己。"广雨回忆道，"我忍不住写了很多感想，发在公共平台上。"然而她的行为却招来了非议，现实生活中熟识的朋友表达了理解和支持，但也有网络平台上的陌生人留言指责她"矫情"，还配以嬉皮笑脸的表情，令广雨备感难堪。更令她心痛的是，她的父母深夜发消息劝她，不要轻易展露自己的真实情绪给大家看，尤其是脆弱和消极的情绪，避免落人话柄。

"我父母半夜还特地发消息对我说，如果分享自己曾经的糟糕经历，未来可能会被人看低。当年犯错的人不是我，为什么我要掩埋自己的情绪，时时刻刻保持沉默？"广雨说着，脸上闪过一丝无奈。种种劝诫和批评都让广雨感到困惑和痛苦，最后在压力之下，她还是删除了那篇长文。自那之后，广雨每次想在公共平台上抒发自己的情绪，她都得反复思量。但她也始终疑惑，难道负面情绪（如悲伤、沮丧）就不该被表达吗？她带着这些疑问，决定踏入咨询室寻求咨询师的帮助。

找回爱笑爱哭的自己

广雨在哭的时候总是先说对不起，她希望能够平复情绪，止住哭声，但情绪如潮水涌来，难以自抑，她又继续开始痛哭。我望向她，对她说：**"没事，你不需要因为自己有负面情绪向我道歉。事实上，每一种情绪都是生命赐予我们用来体验世界的宝贵礼物。"**

或许你会质疑："难道愤怒、伤痛、焦虑这些负面情绪也是应当被接纳的吗？"

没错，这些情绪并非我们应当排斥的"有害物"。愤怒实则是一种保护自己的防御机制，它让我们在受到威胁时有勇气自卫；伤心和沮丧则可以帮助我们释放情绪，让我们感觉轻松；焦虑是一种预警信号，引导我们及时发现生活中的问题并及时调整。**这些被贴上"负面"标签的情绪，都扮演着独特的角色，与其他情绪共同勾勒了人生的完整图景。**

广雨和那些劝她不要展露负面情绪的身边人，陷入了"情绪羞耻"的陷阱而不自知。**情绪羞耻是指个体对自己体验到的某些情绪感到羞耻和自责，认为这些情绪是不**

应该出现的。这种羞耻感使得他们无法真正地接纳自己的情绪，无法全然面对真实的自己。在当下的社会文化氛围中，我们常常对某些情绪有着不自觉的偏见，甚至可能因其感到羞耻。比如，在主流观念里，"男子汉气概"要求每位男性都要摒弃脆弱和软弱的一面，展现源源不断的力量和勇气。在潜移默化的影响中，男性便会对自身产生的脆弱情绪感到羞愧，进而竭力压抑。

与情绪羞耻伴随而来的是一种扭曲的价值观念：我们开始认为某些情绪一定优于另一些情绪，前者可以被大方表露，后者则应该被隐藏和压抑。但这种强制的"情绪审查"并不能真正让情绪消失，相反，它们依然会在个体的内心深处翻涌，却缺少合理的宣泄出口。**被压抑的情绪就像一股力量，如果长期得不到释放，终将会以其他更加扭曲的方式爆发，对个体的心理健康造成更大的伤害。**

挣脱情绪羞耻的枷锁

情绪是我们内心世界的一部分，接纳和表达情绪，是认同自己的重要途径。为了帮助广雨更好地进行情绪表达，我建议她从以下几个方面入手。

第一，每天记录情绪。

写情绪日记，记录每一次情绪的出现和自己的反应，这样做可以更深入地了解自己的情绪模式。情绪日记不仅能帮助我们"整理"内心，还能成为帮助我们自我反思的宝贵工具。

第二，寻找合适的释放情绪的方式。

通过绘画、运动、正念练习等多种多样的方式释放情绪，这样不仅能让我们的情绪找到合理的释放渠道，还能在过程中找到乐趣和成就感。

第三，与信任的人交流。

找一些理解、支持我们的人，向他们倾诉我们的困惑和感受，这不仅能让我们感到被理解和被支持，还能使我们与他人的关系更加亲密。

三毛曾在散文《简单》中写道：**"我爱哭的时候便哭，**

想笑的时候便笑，只要这一切出于自然。我不求深刻，只求简单。"正是因为某些情绪的存在，我们才能全情体验生命的丰富和多彩。情绪就像万花筒中绽放的绚烂色彩，拥抱沮丧时的热泪盈眶，也拥抱愤怒时的失望痛苦，才是你与生命最赤诚相拥的姿态。

为只此一次的人生负责

曾有一幅画令我十分动容，画里穿着白衬衫的女孩目光低垂，似乎想拒绝对面递来的苹果。红色的苹果上插满了钢针，却依旧被一双手执着地递到女孩嘴边。钢针虽已刺痛女孩的面颊，她却还是没能说出那句："**妈妈，我不想要苹果。**"

从事心理咨询工作多年，我见证过许多人的伤痛和困惑。原生家庭正如那颗插满钢针的苹果，甜蜜却又使人痛苦。有的人深陷其中挣扎不出，有的人逃之夭夭但无法摆脱阴霾，还有的人早已习以为常。

一万件家庭琐事

一阵叩门声打破了咨询室里的静谧，我抬头望去，一位二十多岁的年轻女孩走了进来。当我第一次看到姣丽的双眼时，我被她眼中的疲惫与无助深深地震撼了。姣丽瘦削，穿着文化衫，用一支圆珠笔松松垮垮地挽住了长发。

"您好。"她一边说，一边有些局促地在椅子上坐定。

"没关系，请放松，"我温和地示意她自在些，"欢迎来到这里。"姣丽犹豫了片刻，似乎在构思遣词造句。随即，她长叹一声，像是下定了某种决心，缓缓说道："今年是我养家的第四年，现在的我每天都打不起精神，真的感觉很无力……"

作为家中最大的孩子，姣丽不得不帮父母分担家庭的重担。父母年纪较大，加上家里经济拮据，姣丽记得自己从很小的时候就开始做饭、打扫、洗衣服，一刻不停地照顾弟弟妹妹，身上总是带着油烟味和奶粉味。不仅如此，姣丽还要做父母的情感调解员，做母亲的情绪垃圾桶。

大学毕业后，姣丽如愿找到了一份心仪的工作，可她的压力并未减轻，因为这时弟弟妹妹们的学费又轮到她来负担了。姣丽咬着牙省吃俭用，靠着每月微薄的薪水，支付着弟弟妹妹的一笔笔学费。

从小就在家里扮演"小大人"的姣丽，在不知不觉中，表现出和她真实年龄不符的老练和沉稳，一举一动都让人觉得踏实可靠。小长假前，姣丽在办公室听着同事们你一言我一语，兴高采烈地商讨着出游的行程。有人说要去海边游泳，有人说打算登山攀岩。她不禁感到羡慕，随即苦笑一声。她知道自己几天后的这个时刻会回到熟悉的家中，为弟弟妹妹补习功课，给房间做大扫除，晚上还要为全家人做一桌饭菜。日复一日，年复一年，都是如此。

姣丽意识到自己似乎从来没有拥有过无忧无虑的少女时代，她似乎从幼时起脸上就长满了皱纹。"我感觉我生活中的每一个决定都要考虑成本、考虑用途。我也好想做一些看上去无意义的事，面对着一片湖水默默发呆、整理自己的日记、不用偷偷计算钱就买一个自己喜欢的娃娃……可是我打开搜索引擎，看到的却都是如何维修家用电器、如何培养高中生的学习习惯。"说到这里，姣丽有些哽咽，情绪明显开始失控。待她平复片刻，我开口安抚道："从你的描述中，我可以感受到你内心深处对'自由'

的强烈渴望。你一直在为家里的重担操劳奔波，似乎已经很久没有真正为自己生活过了……"

"父母化"的孩子

从姣丽的描述中，我发现她已经处于一种在心理学上被称为"亲子职能反转"的状态。**亲子职能反转理论由英国心理学家、依恋理论之父约翰·鲍尔比提出，它是指父母和子女间的家庭角色逆转，在养育者由于种种原因无法完全履行父母应履行的职责时，儿童和青少年过早地扮演父母的角色，承担起成人的责任。**姣丽似乎已经习惯了严格要求自己，却忘记了自己本来也可以拥有快乐和无负担的生活。

亲子职能反转对孩子的成长会产生深远的影响。一方面，过早扮演父母角色的孩子，会提前发展出一些适应能力，如独立、负责、善于照顾他人等；另一方面，他们的情感需求和依恋需求却常常被忽视，他们将大量时间和精力用于照顾家人，自己的需求却无处表达，无人满足。久而久之，他们的内心就会出现隐隐的失落、委屈和愤怒。

我轻声地对姣丽说："你是不是常常感到内心有一个声音——**我也想无忧无虑地生活，我也想任性一回？**这都是你内心中渴望被关注的需求。每个人生来都是幼小、脆弱、需要爱的。"

姣丽满含泪光地点头，似乎久违地得到了理解和共情。我接着说："我能感受到你内心的伤痛。但我想对你说，不管过去你为这个家付出了多少，**你首先是一个独立的个体，你值得拥有自己的生活。**"

只有我能拥抱自己

像姣丽一样的"小大人"，长大后该如何自我养育呢？

我建议姣丽，首先要学会在照顾家人和关注自我之间，找到一个合理的平衡点。不要像过去那样，将所有的精力都留给家庭。每周留出固定的私人时间，只做与自己有关的事情。在这段时间里，做一些毫无意义但让自己开心的事，什么都不用顾及。可以是调肥皂水吹泡泡，可以是去楼下公园荡秋千，可以是去广场喂鸽子……尽情体验私人时间里的宁静和自由，在力所能及的范围内重新感受自己的童年。

其次，为自己制订一些个人目标，给自己的生活注入动力。比如学习某种技能、做一件对自己来说非常有意义的事等。

我看过一部美剧，剧里的大姐早早放弃了个人生活，为照顾家庭尽心尽力。妹妹看出了她的难处："**姐姐照顾大家，但没有人照顾她。**"剧中的大姐最后离开了自己的出生地，去往温暖的赤道小镇追求自己的生活。剧中的大姐是无数经历亲子职能反转的孩子的缩影。在许多破碎的原生家庭中，孩子们不得不过早地成长，承担起照顾家庭的重担。但在他们坚强的外表下，隐藏着一颗孤独脆弱、渴望被关怀与被爱的心。

成长的路上，我们都曾在某个阶段承担着不同的责任，扮演着不同的角色。**但无论过去如何，我们都要重新唤醒对生活的那份最纯粹的爱，为自己只此一次的人生负责。那个天真烂漫、渴望自由的内心小孩，一直陪伴在你我身边，从未走远。**

第二章

信念重组：被伤害不是你的错，但快乐是你的选择

即使长大了，我们的心里仍然住着一个内在小孩。看见你的内在小孩，重组你的信念，你才有机会获得成长。对于过去的伤害，你可以理解，可以放下，但不一定要原谅，你不需要把自己一直困在会让你受伤的关系里。你要知道，真正让你不自由的，是内心的牢笼，但其实每一个当下你都有选择。

直面家会伤人，不要否认伤害

当我们提到家时，总会联想到避风港，它一直是温暖、安全和爱的象征。当我们受到来自外界的伤害时，家总是能够给予我们力量，让我们没有顾虑地与他人对抗，争取自己应得的权利；而当我们受到来自家庭的伤害时，事情就变得复杂起来。很多来访者在谈及原生家庭时，总是会说："我知道父母是爱我的，但……""我相信我们之间是有爱的，只是……"

一个很好的开始

第一次见到宜然时，她的情绪非常低落，窝在沙发里不停地哭泣。在接过我递过去的纸巾拭去泪水后，她轻声开口，说道："虽然我今年已经 28 岁了，但是我还是感觉自己不像个独立的成人。每天吃什么食物、穿什么衣服、做什么工作、过怎样的生活，所有这一切都在我母亲的严密掌控之中。我知道她是为了我好，我也知道这花费了她很多精力，但我还是觉得好压抑，快没办法呼吸了。"在交谈中我得知，宜然父母的关系极不和谐，从她童年起便争吵不断。养育者把对婚姻情感的失望转换成了对孩子的情绪压榨，每次父母发生争执后，父亲就会将不满发泄在宜然身上，要求她不断取得更优异的成绩；母亲则会向她倾诉自己的痛苦，甚至要求孩子成为父母之间的调解人，这使得宜然经常陷入极大的迷茫和无助情绪之中。

宜然异常顺从母亲，甚至到了一种匪夷所思的程度。我试着引导她说出更多的经历和内心感受，却渐渐发现无论职业选择还是生活方式，她始终无法逃离家庭的桎梏。"我始终记得在一次深夜争执后，父亲夺门而出，母亲在我面前流着泪问道：'如果我和你爸爸分开了，你会选择谁？'我明明也很想哭，但还是强忍住泪水抱住妈妈，说：'不会的，我保护你。'"希望母亲过得幸福，成了宜然的执念。

那晚，小小的宜然让母亲的头靠在自己的肩膀上，目光却移向房间角落里那面破碎的镜子。宜然曾经把一块块碎片捡起来放进镜框里，但它们始终无法拼成原来的样子。

咨询室的灯光温暖而昏暗，她沉默片刻平复心情，随后慢慢说道："母亲总是在我面前流泪，说她为我们这个家牺牲了很多。我很心疼她，但也不知道自己能做些什么。我有时候觉得自己就像她的情绪垃圾桶。**我渴望爱，但似乎从来没有得到过真正的爱。**"

后来的几次咨询中，我帮助宜然慢慢梳理她内心的矛盾和困惑。她在第四次咨询的末尾坦露了自己真实的想法，她突然认识到父母的控制和情感负担不仅让她难以独立，更让她失去了对生活的掌控感和自我认同感。我认真地对她说："**感谢你对自我的进一步探索，这是一个很好的开始。**"

无法被忽视的真实感受

宜然的痛苦、内疚感和责任感都深深根植于她的成长环境。她的父亲通过施压和贬低使她丧失了积极的自我认同感，母亲则通过情感勒索加深了她的内疚感。家庭中复杂的情感关系，一方面让她陷入痛苦无助的循环，另一方面又让她希望通过满足父母的需求获取爱和认同。

其实我们不妨重新思考一下，什么是爱。

亲情中的爱通常包含无条件的关怀、亲密感、依恋与安全感。约翰·鲍尔比的依恋理论认为，亲情中的依恋关系为个体提供了安全感，帮助其在成长过程中形成健康的心理和稳定的关系模式。如果过往的家庭模式并没有给予我们关怀，甚至让我们感受到无尽的困扰和痛苦，那么意识到并直面家庭对自己的伤害就是一个必要的课题。

为什么宜然明明能够意识到家庭对她造成的不容否认的伤害，却始终无法下定决心脱离它，并且在试图拒绝养育者的情感勒索时感受到强烈的内疚感呢？因为她的认知系统在"母亲需要我"的信念和"我应该独立"的渴望之间存在冲突。

认知失调理论由心理学家利昂·费斯廷格提出，它解释了人们如何应对相互冲突的信念和行为。 在遭受伤害时，人们可能会面临一种心理上的不和谐：一方面，他们清楚自己受到了伤害；另一方面，他们又无法承认自己是受害者，无法接受这种伤害来自自己的家庭。为了获得心理上的平衡，他们很有可能会合理化这种伤害。**对于伤害的合理化可以让人们短暂地逃避现实，这是一种自我保护；但从长期看，它会导致更多的心理困扰和关系问题。** 毕竟人终究要面对自己真实的感受，它们客观存在，无法被忽视。

宜然知道父母"为她好"，但她内心真正感受到的却是被压迫和被控制，这种感觉与她对父母的爱发生了冲突。她迫使自己合理化父母的行为，而由此产生的心理焦虑却又让她在日常生活中无法自我表达和独立决策。

何以为家

第一，理解自己的感受，重新调整关系。

直面家庭的伤害就像直面那面满是裂痕的镜子，我们

心中明白，有裂痕的镜子永远无法被复原。

我们首先要做的就是承认家庭中的伤害是真实存在的，它包括情感上的忽视、语言上的攻击，以及其他的身体和心理伤害。**只有接纳了自己的真实感受，才能理解经历是如何影响自己的心理和行为的。**这不仅是一个缓慢地自我接纳的过程，也是一个不再将自己简单地定义为受害者的方法。**当我们迈出了寻求改变的第一步时，就为疗愈创造了可能。**

当宜然回忆起发生在家庭中的种种冲突时，几度陷入沉默，无法接着讲述下去。**我们该如何描述那些将要湮没我们的情绪？当事情发生时，我们是失望、愤怒还是恐惧？出于这样的情绪，我们在当时做了什么回应？**

我对宜然说："你可以选择一种安全的方式来表达自己的感受，学着与朋友谈论它、写日记，或是自己在心中复盘。在正视自己的内心感受后，也可以尝试对养育者表达自己的渴望，勇敢地进行沟通，并在这个过程中保持自己身体与心理的健康，积极地进行自我关怀。这当然是一个漫长的过程，也需要很多的尝试。"

第二，不再陷入有害关系，主动构建自己的新网络。

宜然在最近一次咨询的过程中分享，她采纳了我的建议，开始结交新朋友，逐渐感觉到精神世界中的一部分被友谊支撑起来了。大家一起聊天、看电影、交谈各自的想法。虽然和父母之间的问题还没有完全解决，但宜然的心理状态已经没有以前那么寂寞和沮丧了。我听后真诚地祝贺了她。很多时候，我们有权利选择构建自己的社交关系网络，志同道合的朋友、无话不谈的伴侣、有归属感的团体，这些都是我们可以尝试去建立的新支持系统。**我们当然可以把陪伴我们的人定义为"家人"，可以把那些温暖而安全的地方定义为新的"家"。**

我衷心地希望有一天，宜然可以拥有与过去告别的勇气和毅力，有走向明天的决心，不再陷入有害关系，成就一个全新的自我。

每一个当下，你都有选择

对我们来说，"伤害"是一个沉重的词语。在人生之路上，我们总是难以避免受伤。尽管磕磕碰碰、流血疼痛，但是新的皮肉总会生长出来。个体心理学大师阿尔弗雷德·阿德勒就是从畏惧死亡和自卑的童年基调中不断成长起来的，他一生中经历了疾病、离别与伤害，最终超越自卑，实现飞跃。"阿德勒"（Alder）在德语中的意思是"鹰"，常常象征着勇敢和力量。面对过去，阿德勒认为人**不应该被过去束缚，只有自己才能描绘自己的未来。**

一颗栗子的声音

"我的丈夫有婚外情了。"这是映真对我说的第一句话。那时我的工作室刚刚开通线上语音咨询服务，她是我的第一位来访者。"但是我原谅了他。"她接着说。

37 岁生日前夕，上高中的女儿用攒了很久的零花钱送了映真一份生日礼物，是一串转运珠手链。那是北方寒冷的冬季，积雪融化后的天空，晴朗明媚。

将女儿送去学校后，映真独自在街头漫步。街边小店糖炒栗子的甜蜜香气一阵阵飘来，已经有一些人在店前排队了，她闲来无事，也加入了队伍。就在她探身出来查看排队进度的时候，一对挽着手的男女与她擦身而过。男人在路过映真时剥开了一颗栗子喂到女人嘴边。"嘭"的一声，栗子被轻易剥开，而映真的耳朵却像是被栗子的爆裂声震坏了，她来不及细想也不能细想，整个世界在这个时刻只化作了一声清晰的"嘭"。那个挽着女人、贴心为她剥栗子的男人，是映真结婚十余年的丈夫，是她日日照料生活的丈夫。

"我当时已经决定要离婚，便带着女儿搬了出去。但到了农历新年那天，他带着他的父母来到我面前，苦苦哀求我，发誓不会再犯错。女儿的成长需要一个完整的家，我做家庭主妇快二十年了，我不知道除了原谅他我还能做什么。我没有办法。"在映真讲述完自己原谅丈夫的理由后，我问她："那你处理这些事的时候，内心有怎样的感受呢？"

她开始哭泣。当啜泣声不断从听筒传来时，我仿佛看见了映真抱着电话痛哭的样子。

在决定原谅丈夫并重新回归家庭后，映真发现自己无法和之前一样生活。她不想看见丈夫的脸，也几乎不和丈夫交流，他们开始分居。映真无法在夜间入睡，总觉得胸口闷，听觉在夜晚变得无比敏锐。她觉得自己的耳边环绕着栗子的爆裂声和女儿出生时的哭声。

长时间的失眠和胸闷让映真疲惫不堪，精神上的那根弦紧紧绷着。"我变得不像我了，我管理不好自己的情绪，总是对女儿发火。这太可怕了，我绝不能成为这样的母亲。"映真发现自己已经饱受心理困扰很久了，希望能探索出与家庭成员的相处之道。思虑良久，她拨通了咨询电话。

由一连串选择组成的人生

合理化是一种心理防御机制，是指个体尝试为那些不符合自身预期的情感、行为、动机做出合理的解释，使其可以被自身接受。尽管映真不停地告诉自己，她是为了能让孩子在一个健全的家庭中长大，尽管她不断强迫自己回想过去丈夫在婚姻中的付出，尽管她不停地安慰自己，她应该过安稳的生活，不让父母担心……但映真在选择原谅丈夫的不忠行为后，她的内心始终未能获得真正的安宁。

我注意到映真在回忆每个需要做出关键选择的人生节点时，她总是重复同一句话："我没有办法。"在她的阐述中，因为没有办法摆脱父母的控制，所以她选择早早进入婚姻关系，希望靠自己的努力创造一个幸福的小家；因为没有办法放弃育儿的责任，所以她选择全职做家庭主妇，为孩子忙前忙后；因为没有办法开启新生活，所以她选择就这么将就下去……听完映真的诉说，我的脑海中瞬时浮现出一句话：**"人的一生就是由一连串的选择组成的，无论我们的存在是什么，都是一种选择。甚至不选择也是一种选择，即你选择了不选择。"**

　　站在人生的十字路口，选择呼啸而来。映真却只能无助地抱住自己，在无数个夜晚独自流泪。

　　听着她的哭声逐渐停止后，我温和地对映真说："**所谓的选择，就是自己和自己达成共识。虽然伤害已经发生，但我们仍有能力选择如何看待它。**"

时时都有选择

　　我们一起回溯了映真的成长经历，像顺着一颗颗石头追溯一条河流的源头，看她是如何从一个小姑娘成长为一位坚韧、负责任的女性的，看她在人生节点上做出的选择是不是都是因为没有办法才做出的。在那次咨询的结尾，映真感慨道："**这么多年，我一直都觉得自己的选择是在不得已的情况下做出的，但其实选择有很多，路也很多。**"

　　映真终于决定与过去的伤害和解，以全新的视角重新审视生命历程中的坎坷，生发出敢于面对过往与未来的宝贵勇气。几次咨询结束后，她已经恢复了单身状态，与女儿开启了全新的生活。"茜茜说她一直很担心我，她知道妈妈以前总是不开心。她有句藏在心底的话，终于对我说了出来：'就算妈妈不和爸爸在一起，也永远是天底下最好的妈妈！'"

映真回忆起最近体验过的最幸福的一个时刻——那天她在街边买了一束盛开的百合花，茜茜放学回到家，坐在桌前把花茎修剪好，一支支插到花瓶里。阳光透过窗户洒在女儿身上，百合花的香气进入鼻腔。映真睡前在日记中写道："我不再逃避，我有选择的权利，我现在想创造自己想要的生活。"

是的，每一个当下，生命中的每一个瞬间，我们从来都不是选无可选、退无可退。也许我们过去经历了许多伤痛，也许我们做过让自己后悔的决定，但此时此刻，我们依旧有权利选择，选择过不一样的生活，选择理解过去的自己，选择快乐。我们时时都有选择，我们时时都鲜活。

放下助人情结，尊重他人命运

　　夏日的海滩总有无尽的乐趣。阳光亲吻着脚背，海风轻抚发梢，最令人着迷的，还是那一望无际的细沙。看着沙滩上挖沙的小朋友们，用稚嫩的双手捧起金灿灿的沙粒，天真地以为只要握紧拳头，它们就会永远属于自己。然而，任凭孩童如何用力，沙子还是不听话地一点点从指缝中逃脱。越是想要握紧，手中的沙子就流失得越快。最后，掌心空空如也，徒留脚下一片沙。

　　夕阳西下，我听着海浪声慢慢沿着海岸线漫步，忽然想到人际关系又何尝不是如此？**当我们试图掌控他人的**

生活，按照自己的意愿去塑造对方时，往往只会让彼此的心越离越远。正如抓不住的细沙，越是用力，对方就越想逃脱。

渐行渐远的朋友

在执业之初，有人问我这样一个问题："咨询师在面对一次又一次陷入困境的来访者时，究竟能做些什么？"许多年来，我始终在思考。**我们虽然在工作中得以窥见生命的复杂，洞见人性的多面，理解情感的丰富，**但归根结底，在来访者痛苦与困惑时，我们始终无法替代他们，帮助他们解决生活中的一切问题。我们只能秉持"助人自助"的原则，尽最大努力向他们提供方法，希望他们以此为桨，并全然相信他们有能力渡过生命之河。

这一次，坐在我面前的是一位名叫凌安的女性。她眼眶发红且微微肿胀，显然是刚刚哭过。凌安抚着颈部一根细细的字母项链，仿佛试图从中找到一丝安慰。带着几分委屈和不解，她向我讲述了她和朋友冉冉的小半人生。

凌安与冉冉是初中就相识的挚友，两个少女从小县城一步步走向大城市，通过读书、工作重塑自己的人生。相处已逾十年，她们磕磕绊绊地一路走来，见证了彼此每一次欢笑与流泪。就在凌安以为她们能做那个在葬礼上完整讲述对方一生的人时，命运的风向却在冉冉遇见她的恋人后悄然开始转变。

冉冉经过漫长的相处后终于进入了一段亲密关系，凌安却认为这个男人虚伪、自私，不值得冉冉真心付出。凌安眼里的冉冉是她的天才女友，她清醒纯粹，好胜心强，秉持着永远向前的人生信条。她不相信这个男人能同冉冉创造美好的未来。

"你和她谈过这个问题吗？"我问道。

"我很认真地同她讲过。这个男生读书、看新闻、评论社会事件，看似文质彬彬、见识丰富，和我们家乡那些酗酒、打牌的父辈全然不同，但他仍是那个在朋友聚会上会打断她的话、在散场后把她赶去厨房洗碗的人。我都不知道如果以后他们长期相处，甚至步入婚姻的殿堂，她会过得有多辛苦，她还会不会继续追逐自己曾经的梦想。"

凌安的声音因为情绪激动而微微颤抖，她继续说："在他们恋爱期间，我不止一次地劝说冉冉不要被一时的甜蜜冲昏了头脑。然而冉冉却对我的劝告不以为然，认为我对她的男朋友有偏见。"

一次偶然的机会，凌安正巧撞见了冉冉的男友和一个陌生女性举止亲密，便更加坚定了自己的判断。她迟疑了很多天，犹豫要不要将真相告诉冉冉，却又怕她认清现实后受伤。可是，让凌安万万没想到的是，某天冉冉约凌安出来喝咖啡，坦言自己的男友上周在与同事团建的时候碰巧看见了凌安，他已经提前解释过了，让好友不要多想。"当时我明明看到他们举止暧昧，却因为冉冉的盲目相信而无可奈何。"凌安回忆道。

她看着面前的冉冉，感觉有些陌生，两个女孩在成长的过程中不是没有过争吵与摩擦，但凌安从未想过有一天，两人的关系会因为另一个人降到了冰点。凌安感到无比难过和迷茫，她不明白自己的一片好心，为什么换来的是这样的结果？冉冉甚至提出双方近期最好不要见面了，给彼此一段时间冷静。"我 14 岁时就认识她，放学后我们背着书包在街边闲逛，两个人凑钱买一支冰激凌。我最近总是翻看我们当初的信和小纸条，眼前浮现青春期时她忧郁的脸……墨多老师，为什么人长大后就会走散呢？"

"凌安，我能理解你的感受。你对冉冉的关切是出于真心，想对冉冉施以援手也是出于真心，但你有没有想过，他们如何选择是他们自己的课题。"我缓缓开口道。她抬起头看着我，眼中带着不解与疑惑。

爱、陪伴与放手

在凌安的倾诉中，我感受到了她的失望与无助。我告诉凌安："每个人都有自己的人生课题，我们可以真心地提供帮助、给出建议，但不能替他人做出选择。作为朋友，你一直陪伴在她的身边，在她需要你帮助的时候，能伸出援助之手就已经足够了。"

凌安沉默了一会儿，眼中闪过一丝光芒。"可是，我只是希望她不要受伤害。"她低声说道。

"我们都希望所爱之人免于痛苦，"我认同地点点头，继续说道，"**眼睁睁地看着所爱之人陷入悲伤的过程，可能比我们自身遭受苦难更痛苦。但有时，正是这些经历让人成长**。或许冉冉需要自己去经历这些，才能真正明白对她而言什么才是正确的选择。"

　　在进一步的沟通中，我得知了更多凌安与冉冉的成长经历。凌安在高中时期经历了父母的情感破裂，在无数孤独困顿的时刻，冉冉始终默默地陪伴在她身边。她想像冉冉拯救自己一样拯救她。但凌安并没有意识到，自己之所以对冉冉产生强烈的助人情结，其实部分是因为她内心深处过度的控制欲在作祟。她总是试图按照自己的方法去解决他人的问题，控制他人的命运向自己设想的轨道驶去，转头才发现这已经背离了"愿你好"的起点太远。

课题分离：尊重他人的命运

　　心理学家阿尔弗雷德·阿德勒曾提出一个"课题分离"的理论，它强调人在处理人际关系时，需要明确区分哪些是自己的课题，哪些是他人的课题。 简而言之，每个人都有自己需要面对和解决的问题，而这些问题应该由问题的所有者自己去处理。课题分离有三个核心原则。

　　第一，识别课题。

　　什么是自己的课题？那些与自己的行为、思想、情感直接相关的问题是自己的课题。比如，自己的工作、学习、情绪、个人选择等。

什么是他人的课题？与他人的行为、思想、情感直接相关的问题是他人的课题。比如，他人的选择、情绪、生活决策等。

冉冉选择与谁交往，这是冉冉的课题；而凌安的感受，是她自己的课题。我引导凌安思考这段时间她花了多少精力在冉冉的课题上，又收获了多大的成效。这对她们之间的友谊有帮助吗？

第二，尊重他人的选择。

在人际交往中，尽管我们可能对他人的选择和行为有看法，但还是需要尊重他人的决定。每个人都要为自己的选择负责。

第三，提供支持，而不是干预。

我们可以在他人需要的时候提供支持和建议，但不应该强迫他人接受我们的观点。真正的帮助在于提供支持，而不是替他人做决定。即使凌安觉得冉冉的选择是错误的，也要尊重她的决定，而不能过度干预。

在这次的咨询过程中，凌安兴致勃勃地讲起上个月与冉冉结伴返乡的事。那天夜晚，两个人站在学校周围的栏杆前，透过缝隙看空荡荡的教学楼、操场。"哈哈，你记不记得每次体育考试跑八百米，你都会在内圈陪我跑最后一段？"那天深夜，凌安发了一条朋友圈，放上了两个人的影子的照片，并配上了一句她们都很喜欢的歌词：**"直到青春一定程度的浪费，才觉得可贵。"** 早上醒来，她看到冉冉点了一个赞，这是两个人和好的标志。在漫天星空下，她们还是当初那对爱笑爱闹的小女孩，一切似乎从未改变。

只此一次的人生，每个生命都有其独特的轨迹，每个人也都只能选择自己的人生之路。 正如我对凌安所说："你可以提醒她、支持她，但最终她需要自己去面对、去体验，没有人能背负他人的命运，你无须感到愧疚。"当我们明确了界限，就不会因为试图控制他人的生活而引发冲突。尊重他人的课题，也是给予自己自由，让我们不必为他人的选择而感到焦虑和担忧。**让花成花，让树成树，我们无法介入他人的课题，每个人都要独行涉过命运的一片片海，千帆过尽才能看见新天地。**

关注他人，也别忘了关照自己

在社交过程中，我们常常会忽略自己的感受和需求，习惯性地将注意力放在他人身上。但如果我们持续忽视自己，最终只会让自己在关系中变得隐形。事实上，**在每一段关系里，我们不仅是参与者，更应是一个主动表达自己需求和感受的共创者。**

被困住的倾听者

蕙婷带着难以言喻的沉重一步步走来，她站在门前小心翼翼地开口："老师，您好。请问可以进来吗？"在我点头示意后，她才缓缓走进屋内。我邀请蕙婷在沙发上就座，并接了一杯水放在她面前的茶几上。蕙婷说过"谢谢"，在我缓缓坐下的空当，主动开始讲述自己的故事。

她与好友亚淇在上家公司相识。蕙婷沉静寡言，总是默默地在工位上处理事务，很少参与办公室的社交；亚淇却完全相反，大事小情都愿意掺和一下。亚淇经常邀请蕙婷一起共进午餐，然后拉着她在楼下的花园漫步、闲聊，而蕙婷也耐心地扮演倾听者的角色。

"不知道怎么想的，我明明有午睡的习惯，但还是希望她开心，所以陪着她逛了一圈又一圈。"蕙婷摇头笑笑，神情略显苦涩。

我注意到蕙婷在整个叙述的过程中，几乎不怎么提及在每件事中"我"的想法、"我"的思考、"我"的举动。**明明是双向的交往，她却像个局外人。**

半年后，亚淇和蕙婷先后从公司离职。因为在工作与生活上不再有交集，两人鲜少联系。蕙婷本以为这段友谊会自然而然地结束，可蕙婷某天却收到了亚淇的结婚消息，她热情地邀请蕙婷来当她的伴娘。蕙婷不想扫兴，便答应了下来。请假订票、准备新婚礼物、熟悉婚礼流程……蕙婷心中甚至有点儿小雀跃——"或许在她心里，我是不可或缺的吧？"结果，蕙婷在婚礼前一天才发现，亚淇连一件像样的礼服也没有给她准备。即便这样，蕙婷也没有表现出任何不满，她想，结婚确实有很多事情要操心，亚淇一时想不到也正常。蕙婷自己赶忙买好了礼服，面带微笑，礼数周全地撑过了婚礼那一天。似乎这种不被在意、不被照顾的感觉，她已经习以为常。

蕙婷在这段关系中的默默付出被视为理所应当，她甚至自嘲在友情中自己已经完全成了一个"工具人"。我对她如此形容自己表示惊讶，她却解释道，也许只有"工具人"才会甘愿被忽视和自我忽视吧。我进一步提问："对于这样的关系，你没有什么想改变的吗？"

她沉默许久，最终开口说道："我总是在想，一直以来，我性格内向，也没有什么朋友，她是公司里第一个主动和我说话的人。每当我想主动结束这段友谊的时候，我总是想起她朝我笑的那个瞬间。"

情感忽视是一种伤害

长久以来，蕙婷被无形地贴上了"倾听者"的标签，难以摆脱。无论血浓于水的亲人、情深义重的伴侣，还是无话不谈的朋友，每当他们感到郁闷、失落或孤独，意图与他人分享之时，蕙婷总是那个首先被想到的人。她的陪伴成了他们情感的避风港，她的沉默则化作了最有力的支持。

然而，每当倾诉的浪潮退去，徒留一片寂静。**蕙婷的存在仿佛仅仅是为了填补他人情感的空缺，她并没有作为一个完整的、有需求的个体被看见和被理解。**我们常常只看到他人对我们产生的影响，却忽视了在关系中，我们自己真正的需求和情感。如果我们始终压抑自己、害怕表达，就无法让他人意识到我们的情感需求和内心波动。

我问蕙婷："那么，当你想要倾诉心事的时候，会如何处理呢？"

　　蕙婷回答说:"我不是没有想要倾诉的时候,但是想想每个人都很忙,我不知道那些负面情绪会不会让他们感到有负担,所以只好沉默。我在晚上偶尔会去湖边静静地坐一会儿,看见湖水泛起涟漪,月亮的倒影破碎后又重新聚起,我就觉得自己也不算孤单。"蕙婷说完这句话,我们面对面一言不发,沉默在我们之间蔓延。这时,蕙婷张了张口,本来想像往常一样把自己想说的话咽回去,但是在我关切的注视下,她终于深吸一口气,坦露心声:"我真的不知道该怎么办。我总是担心自己在不经意间说错话,会让别人对我产生误解,进而疏远我,所以我常常选择什么都不说。"

　　听到这里,我逐渐洞悉了蕙婷内心深处的症结,困扰她的问题远比表面看起来的要复杂得多。她不仅是在寻求一种情感的释放方式,更是在与自我怀疑和不安全感做斗争。

　　我认真地看着蕙婷的双眼,一字一句地缓缓说道:"蕙婷,首先你要明白,真正爱你的人,是愿意与你同甘共苦、愿意与你共同面对生活中的风雨的。他们不会因为你所表露的真实情感而离开你,反而会因为你的坦诚和信任而更加珍惜你。至于说错话，每个人在表达时都难免会有失误与错漏，**但重要的是，你的感受有权利被听见、被理解。**"

时刻意识到"我"的存在

蕙婷之所以难以在各种关系中保持足够的自主性，就是因为她总是把目光投到别人身上，随之而来的就是对自我的忽视。**人一旦自我忽视，在关系中就只剩一件事可以做：注视他人，并被动接受他人的言行所带来的影响。**

那么，如何在人际交往中时刻关注自己的需求和感受，避免自我忽视呢？

第一，抓住向内探索的时机。

当我们置身于与他人的互动时，如果我们发现自己似乎正处于被动的状态，仅仅作为一位无声的倾听者存在，那么此刻，正是向内探索的时机。我们应当温柔且坚定地与内在的自我交流：**我内心真正渴望的是什么？我有哪些真实的想法与感受需要表达？在这段关系中，我能够怎样影响对方？**

第二，勇于表达自我。

为了打破恶性循环，我们需要练习表达自己的感受，**即使伴随着一丝不安，这也是迈向改变与成长的勇敢开始**。每一次的发声，都是对自我价值的捍卫与肯定。只有当我们逐渐明晰了自我边界的轮廓，才能够在复杂多变的人际关系中获得舒适的感觉。**学会如何在给予与索取之间找到平衡、如何在理解与被理解中加深关系，才是正确面对社交的方式。**

第三，主动调整和维护关系。

尝试定期聚会或建立某种形式的联系。有想法就立刻发消息邀约，在关系中掌握一定的主动权，不做关系中的"工具人"。同样，如果他人发消息给我们，尽量立即回复，真实表达自己的想法，而不是搁置下来，在脑海中一遍一遍地思考能不能有更好的回答。

在最后一次咨询会面时，蕙婷喜悦地向我分享道，如今她在与朋友和家人交流时不再畏首畏尾。她开始自信地表达自己的感受与想法，总能发掘并引领话题至双方共同的兴趣点上，有来有回地沟通交流。看着她的蜕变，我由衷地为她高兴。

我们是关系的共创者，我们的每一次呼吸、每一个决定都在无声地编织着关系的经纬。只有当我们学会不自我忽视、正视自己的情感需求时，关系才能真正得到发展。面对伤害与挫折，我们固然需要理智地剖析是非曲直，但更为宝贵的是，在这些不完美的瞬间里，深入挖掘并找回真实的自我。

感受一个人的宁静与狂欢

在这个快节奏的现代社会，工作、家庭、社交……无一不在争夺我们宝贵的时间和精力。城市里，高楼林立，我们每天穿梭在车水马龙之间，重复着生活的轨迹。我们被裹挟在人群中，逐渐迷失了方向。

在这样的环境下，"20分钟公园理论"应运而生。找到一个专属于自己的疗愈空间，已然成了都市人的心之所向。

人总是害怕孤单，却又需要独处

某个工作日的清晨，虹颖推开轿车的车门，在与车内的驾驶者告别后，她走进了咨询室。我觉得她和其他来访者不太一样。虹颖气质优雅，衣着入时，一只名牌包被她毫不在意地放在脚边，举手投足之间都展现出优渥生活滋养出的气质。

我内心不由得思忖，这样一个看起来十分幸福的女人，她在生活中会有怎样的烦恼呢？

在交谈中，我得知了虹颖更多的个人情况。她大学毕业后工作没多久就嫁给了现在的丈夫。丈夫经营着一家公司，收入可观。在生育第二个孩子之后，虹颖因为免疫力低下，生了一场大病。为了休养身体，也为了有更多的时间陪伴孩子成长，虹颖便顺势辞职做了全职家庭主妇。虽然不用上班，但因为她的丈夫工作繁忙，所以家里的方方面面都需要虹颖操持；两个孩子年龄还小，更是依赖她。

然而，随着时间的推移，虹颖开始感到力不从心，她发现她找不到属于自己的时间和空间。

虹颖回忆道："那天傍晚，我端着果盘走出厨房，看着客厅里的一家人说说笑笑，明明是一幅其乐融融的温馨画面，但是我却不想走向他们，只想自己一个人待一会儿。"那天晚餐时间，她谎称自己不舒服，在卫生间静静度过了没人打扰的一小时。

看着面前妆容精致却掩不住淡淡愁态的虹颖，我对她说："**人总是害怕孤单，却又需要独处。**"这句话似乎击中了她的内心，我们面对面坐着，沉默在我们之间蔓延。良久，我继续对她说："我能感受到，你好像一直将注意力集中在生活的琐事上，却忽视了内心深处的需求——对独处的需求。"

人都会本能地渴望拥有独处的时间和空间，以自由地探索内心世界，关注自己的想法，释放自己的情绪。从虹颖的自白中，我意识到她在那种看似富足殷实、什么也不缺的生活环境中，渐渐被剥夺了探索自我内心世界的机会。偌大的家中，她很难找到独处的时间和空间，她的一举一动都被家人时刻"关心、注意"着，一刻的放空都是奢求。久而久之，虹颖便对缺乏独处时光和个人空间产生了前所未有的焦虑。

心灵栖息地

心理学上提出过一个"个人空间"的概念，个人空间对心理健康和情绪调节具有重要意义，它能够帮助个体减轻压力、提高情绪稳定性和增强自我认知能力。当个体能够在一个安全、宁静的环境中独处时，他们可以更好地倾听自己的内心，进行自我反思和情绪调节。

20世纪，英国作家弗吉尼亚·伍尔夫就构思过一种女性所能达到的理想的生存状态。她在《一间属于自己的房间》中写道："**我希望你能有足够的财富去旅行和消遣，去思考世界的过去和未来，去书中梦想，去街头闲逛，让思绪的渔线深深垂入河流。**"

我们之所以会在无休止的生活压力中渐渐失去与内心世界的连接，直至彻底枯竭，正是因为我们忽略了那阵穿过内心罅隙的风。我们需要写作，需要畅想，更重要的是，让心灵自由。

心灵空间构筑计划

对每个人来说，拥有属于自己的小天地都是必需品，而非奢侈品。我们可以通过以下三步，打造专属于自己的"心灵空间"。

第一步，识别自己的需求。

首先，我们需要识别在生活中自己最需要的是怎样的空间。

花时间独自反思，问自己："我最需要什么样的环境来放松和恢复？"明确自己的需求，找到适合自己的空间类型。

每个人的需求不同，有些人需要被绿意盎然的自然环境包围，有些人需要沉浸于艺术氛围。

在不同的环境中记录自己的感受，找到最能让自己感到放松和愉悦的地方。

第二步，制订行动计划。

找到适合自己的空间后，我们需要制订一个切实可行的行动计划，确保自己能够定期享受独处时光。

无论多忙，都要坚持执行这个计划，形成习惯，让自己有时间关照自己的内心。

第三步，创造属于自己的空间。

如果无法找到理想的外部环境，我们也可以在家中创造一个属于自己的空间。

根据自己的喜好布置一个宁静、舒适的区域，摆放自己喜欢的物品，如图书、音响、植物等。

尽量减少接收外界的信息，确保这个空间能够让自己完全放松和专注。

在几次咨询后，虹颖便开始寻找那片属于自己的心灵栖息地。她回归老本行，开始为一些平台撰写文稿。虹颖找到一处离家不远的图书馆，办理了一张借阅年卡。每天把孩子送到幼儿园后，她便坐在图书馆的落地窗前，翻看参考书，打开笔记本电脑写作。在键盘深深浅浅的敲击声中，虹颖终于感受到一种久违的平静与喜悦。

据她分享，她目前在连载一部小说，阅读量虽然不高，但每天都会收到平台读者们真挚的评论和建议。在与文字和想象力共同遨游的过程中，她也收获了一干同为创作者的朋友。

正如德国哲学家叔本华所说：**"一个人只有在独处时**

才能成为自己。谁要是不爱独处，那么他就不爱自由，因为一个人只有在独处时才是真正自由的。" 找一个属于自己的空间独处，并不只是为了片刻的安宁，更是为了从世界的喧嚣中抽出身来，倾听内心最真实的声音。那一方小小天地，或许是午后有阳光照进的车里，或许是香气氤氲的咖啡馆中，抑或是公园里落满花瓣的长椅上。它们悄然无声，却承载着我们内心最真实的渴望。这样的空间，让我们停下匆忙的脚步，重新与自我对话。这个独属于自己的世界，让我们卸下所有伪装，舔舐秘不示人的伤口，听风，看雨，晒太阳，享受一个人的宁静与狂欢。

第三章

自我养育：用爱自己的方式重新养育自己

重新养育自己的过程就是爱自己的过程。在这个世界上，没有人比你更懂得如何疼爱和照顾你自己。试着唤醒你的内在父母，滋养和保护你的内在小孩，拒绝内耗，不遗余力地为自己提供爱与保护。虽然你不能改变过去，却可以主动地给自己的命运一次改变的机会。

重新养育自己的内在小孩

　　盛夏之际，阴雨绵绵，午后蝉鸣暂歇。难得清闲，我痛痛快快地打了一下午游戏。休息间隙，我无意中看到了手机上推送的今年高考作文题目汇总，才想起近日正值高考时分。看着视频里各地考生高喊口号、在教学楼合唱的热闹景象，让我不禁回想起自己当年也曾奋战在高考征途之上。那时最盼望的就是每周末学习之余回到家中，在自己的小天地里肆意游戏一番。

　　如今，每当工作与生活使我疲惫不堪之时，我也常常会留出半天时光，尽情投入游戏创造的虚拟世界，将所有

烦恼都抛诸脑后。这种满足感就像游戏里的主角得到的灵
丹妙药，能够让我再次满血复活。

童年时的遗憾

我的咨询团队里的一位同事最近在休息期间开始和其
他人讨论起"成人夜校"的话题。对于白天因工作劳心劳
神的上班族而言，夜晚成了他们宝贵的自由时光。流行演
唱、书法、烘焙……这位同事把所有体验都描绘得精彩无
比，徒留其他人畅想如果自己能身临其境该有多幸福。这
位同事说了一句让在场的每个人都深有感触的话："成年
许久，我很清楚学习这些不是为了取得专业资格证书或者
让自己掌握赖以为生的技能，只是希望那些音符、笔画、
香气能在我的生命中留些痕迹。"

每当大家谈及这类话题，我总是将目光投向在角落
里沉默不语的年轻助理思苟。思苟勤奋自律，学习的脚步
总是不肯停歇，笔记与证书一齐增加；每个休息日的固定
安排就是去图书馆自习，似乎这是她认识世界最熟稔的方
式，也是她与自我相处最安全的方法。

某个工作日上班时，我在茶水间遇到了她。那日思荀面色忧郁，正对着一张印着舞者剪影的宣传单出神。

我问她最近是不是准备开始体验学习舞蹈，她却慌乱地把宣传单折好放进口袋，口中说着："没有，没有，我只是看看。"热水烧好了，我递给她一包今年的新茶："尝尝吧。"思荀沏了茶，叹了一口气，又把宣传单掏出来铺平。

在春茶逐渐舒展的时间里，思荀对我讲述了她的故事。从小她的父母对她要求严苛，认为除了学习，一切兴趣爱好都是浪费时间。她对我说："小时候我总是特别羡慕班上那些学舞蹈的同学，她们会在放学后牵着家长的手，开开心心地去上兴趣班。"而她只能在放学后尽快回家，在完成学校作业后继续做家长布置的习题。"当年我最大的梦想，就是能像其他小朋友一样，站在所有人面前展示舞蹈才艺，在学校的文艺汇演中上台表演节目。"思荀陷入回忆，语气中带着羡慕与感慨。

当年无法实现的小小心愿，就这样成了遗憾。思荀童年时不敢有自己的兴趣爱好，也很难和同龄人找到共同话题。久而久之，她不再主动与人社交，也不想再尝试新鲜事物。她本来以为自己已经遗忘了那种匮乏感，直到某天她无意中路过小区旁新开的舞蹈教室，拿到了店员分发的宣传单，她发现自己还是对以前的期待难以忘怀。

镜子、练功服、舞鞋……她还是快步走开了，脑海中不断回想起父母说过的那句话："除了学习，你喜欢的那些都是浪费时间！"

成人世界与内在小孩

在心理治疗领域最早提出"内在小孩"概念的是卡尔·荣格，他认为内在小孩通常是因童年创伤或需求未被满足而形成的。内在小孩是一种隐喻，它在我们的内心深处，记录着我们童年时期的感受，可能是不安、害怕或焦虑等。这些情感如果没有得到适当的关注和疗愈，会在我们成年后以某种形式表现出来。

当时思苟的父母不支持她发展个人爱好，这导致她在成年后也不敢体验与学习无关的事情。同事们在一起讨论成人夜校的话题时，她默不作声；看到新开的舞蹈教室时，她还是快步走开了。但我告诉思苟，她已经不是当年那个无能为力的小孩了，她有权利也有能力弥补遗憾，重新养育自己的内在小孩，满足自己童年时未被满足的需求。

现在往回看，也不会太晚

更好地度过成年时光的关键在于，珍视自己内在小孩的存在，给予它自由的空间。我们可以通过以下几种方式重新养育自己的内在小孩。

首先，正视过去没有被满足的需求，倾听当下内心的声音。思苟童年时，父母未能满足她上舞蹈兴趣班的需求，让她把学习放在第一位，这让思苟的童年留下了遗憾，也让成年后的她不敢轻易接触与学习无关的人生体验。但她在拿到舞蹈教室宣传单的一刹那，内心还是发出了真实的声音——她想学习舞蹈。我们可以问问自己："我的童年是否有未被满足的需求？""当下的我是否有能力弥补自己的遗憾？""我内心真实的声音是什么？"……

其次，我们可以选择那些真正能够滋养身心、提升生活品质的自我养育方式。购买超越自身消费能力的商品、暴饮暴食等过度或错误的补偿方式，非但无法真正疗愈童年的伤痛，反而会制造新的问题，带来更多的负面影响。我们可以选择通过运动、音乐、做手工艺品等方式陶冶自己的身心，在重新养育自我的同时，发掘人生的更多可能性。

最后，我们需要注意的是，**真正的自我疗愈，在于创造当下和未来的美好，而不是执着于补偿过去。**

过了几天，我又在茶水间看到了思荀，她正饶有兴致地阅读一本小说。她把自己用荧光笔画出的那句话指给我看：**"茱莉亚，我们可以抱怨自己的童年生活，可以不停控诉父母造就我们的所有缺点，可以把生活的苦难、性格的脆弱和胆小都归咎到他们身上，但归根结底，我们要对自己的生活负责，我们要成为自己想变成的人。"** 思荀一脸轻松地告诉我，下班后她将要去舞蹈教室上小班课："我希望当我这次真正站在舞蹈教室里，已经忘了当初的遗憾和自卑。**我期待自己对未来永远充满好奇，无所畏惧。"**

一切的补偿与疗愈，皆因我们对人生有着美好的渴望与期待。一切都还来得及，我们永远有能力让自己过上真正幸福、快乐的生活。

与不完美的自己和解

某个周末的深夜，窗外下着雨，我能隐约听到水滴滴答答落在屋檐上的声音。处理完最后一部分工作后，我终于选好影片，陷进沙发里，准备度过属于自己的闲暇时光。

电影《心灵捕手》中的心理学专家桑恩依靠他敏锐的洞察力，揭示了男主角威尔拒绝与相恋女孩继续交往背后的真正原因。表面上，威尔似乎是在维护女孩在他心中的完美形象，生怕进一步的接触会打破这种美好幻想。但桑恩透过这层假象，看到了威尔内心深处的隐秘动机：他是在竭力守护自己精心构筑的完美世界，害怕别人走进他的世界，害怕被人发现他内心的脆弱。桑恩用一段极富哲理的话语道出了"完美"背后的真谛：**"她知道我所有的小瑕疵，人们称之为不完美，其实不然。那才是好东西，能选择让谁进入我们的世界。"**这段话恍若一道闪电，让某位来访者的身影随即浮现在我的眼前，她就是一位近乎病态地追求完美的人。

圆满的圆

"幸好没迟到，"顾圆一边低头看手表，一边快步走进咨询室，语气中略带着些焦急与歉意，"我叫顾圆、圆满的圆。"她穿着一身干练的职业装，马尾利落整洁，全身上下处处彰显着她对于完美形象的执着追求。这是我与她的初次见面。

法学是一门严肃且神圣的学科，从大学开始她便深有体会，多年的法学学习更是让顾圆养成了一丝不苟的性格。面对案件时，她需要对每一个细节保持高度谨慎，因为任何一点儿疏忽和逻辑错误都可能影响最终的判决。"只有对每一个案件的证据追根究底，才能为当事人伸张正义。"她坚定地说。这种对完美的执着追求使她在校园生活中屡获殊荣，成为同龄人艳羡的对象。

初入职场时，顾圆保持着学生时代的干劲和热情，对自己的要求极为严格，对手中的每一个案件都会全情投入。在律师事务所接触到的案件远比在学校学习的案例复杂得多。关系的错综复杂、与当事人的沟通、众多法条的限制……使她时常出现疏漏。但经过一段时间的适应后，她的工作表现逐渐好转，出错明显减少，还得到了上级和同事的认可。

然而，这也进一步加深了她完美主义的信念，甚至将其带到生活的方方面面，言谈举止、生活方式、人际关系……她试图全力以赴处理各种问题，每天必须完成自己计划完成的工作，所有的事要么不做，要么做到最好。她越发觉得只有用完美主义约束自我才会进步，他人眼中无伤大雅的小失误，在顾圆看来都是需要引以为戒的"大错"。长此以往，顾圆精神高度紧张，疲惫不堪，深陷恶性循环。

"其实我也很累的。"顾圆低声说，眼中满是纠结。我点点头，鼓励她继续讲下去。"有些人可能会觉得我太过较真，但我真的想把每件事做到完美。一旦发生无可挽回的错误，我会自责很久。"顾圆苦笑着说道，语气中带着些许无奈。

完美主义的代价

完美主义犹如一把双刃剑，它一方面推动我们追求卓越，取得成就；另一方面却也带来无尽的自我怀疑和内耗。

深入交谈后我意识到，顾圆"对完美的追求"已经达到一种狂热的程度，任何所谓的"不完美"都会引发她强烈的内疚。为了坚守住心理防线，她不得不时刻谨小慎微、审慎万分。我试图让顾圆意识到这种严苛的自我要求其实是一种伤害。完美主义不仅给她带来了持续的焦虑，也让她对自我产生了排斥和厌恶的感觉，错失了生命中本该拥有的轻松与愉悦。

完美主义是指个体对自我的表现有着极高的要求，并用过度批评的眼光来审视自己的行为。完美主义者对自己有着极高的标准和期望，他们时常忽视客观条件的限制，为自己设定不切实际的目标，当无法实现目标时便陷入自责和紧张情绪。

顾圆就是其中一个典型的例子。她在学业和工作中表现优异，但内心始终无法感到满足。每件事情结束后，她都会反复审视自己的表现，哪怕只是一个细微的疏漏，也会令她久久不能释怀。她给自己设置了一个又一个高标准，却从未给过自己喘息的机会。

追求完美，让顾圆感到自己是有价值的、是值得被爱的。每当取得一点儿成绩，她便会短暂地获得安全感和满足感；而一旦发生失误，她便会对自己感到失望，再次陷入自我否定的旋涡。顾圆害怕被他人发现自己的缺点和不足，害怕因此失去他人的爱和尊重，这种对完美的追求实际上是建立在恐惧和自我怀疑之上的。

完美和不完美是一体两面，不可分割。但对完美的过度追求总是让我们的生活陷入困顿，那么我们该如何在完美和不完美之间找到平衡呢？

如何与不完美的自己和解

在现实生活中，自我折磨的根源往往是我们对完美的执念。只有学会欣赏不完美，我们才能从完美主义中解脱出来，找到生活的真谛。为了走出完美主义的困境，我们可以采用如下方法。

第一，直面真实与缺憾。

"生命是真实的，完美是虚假的。" 实际上，完美是一个主观的标准，因人而异。对每个人来说，完美都有不同的定义。有的人追求尽善尽美，有的人则强调务实高效。

追求完美固然是一种美好的品质，但如果过度追求完美，反而会使人陷入焦虑和痛苦的泥沼。每个人都是不完美的个体，我们因不完美而存在。与其沉溺于虚幻的想象，不如在现实中寻找意义，探索生命的本真。

第二，改变对待自己的方式，多多自爱和自我关怀。

我试着引导顾圆与内在自我对话，学会在困难时刻给自己一些爱和温柔："**多年来，你一直在批评自己，这让你感觉很痛苦。试着认可自己，看看会发生什么。**"停止对自己过度苛刻，改变自我批评的习惯。将关注点转向自己的优点和成就，而不是过分强调不足之处。我建议她可以将时间和精力投入关照自我身心健康的活动，如锻炼、艺术创作、冥想等。

第三，给每件事制订实际的目标。

完美主义者可以尝试着给自己制订实际的目标，将事情的发展过程尽量用具体的数据体现。每当走进完美主义的死胡同而感到困苦劳累的时候，转头看，我们就会发现自己做得还不错。

顾圆上次来我的咨询室的时候，向我分享了她许多年前听过的关于正义女神忒弥斯的故事："忒弥斯一手执宝剑，一手举天平，是法律和正义的象征。她蒙眼并非失明，而是代表自我约束、一视同仁。我最欣赏她的品质就是她对任何人都不偏不倚，公平地对待每个人。"

看着顾圆兴奋地讲述，我问道："她对每个人都公平吗？"

"是的！"

"但如果有人对自己要求过高，是不是一种对自己的不公平呢？"

顾圆面露疑惑，我继续问道："你经常为他人辩护，但当你以完美主义要求自我，为自己创造一个不公平的环境时，谁又来为你辩护呢？"

人生如天平，永远在完美与缺憾之间摇摆。每个人都是自己天平的主人，当我们一味地将砝码堆向完美一端时，天平便失去了平衡，生命也失去了色彩。完美与缺憾，光明与阴影，生命的美好，恰恰在于这看似矛盾的两端之间的平衡。

最终，我们都会与不完美的自己和解，去爱那个多面的自己。

允许自己表达真实的感受

卡尔·荣格在《原型与集体无意识》一书中写道："人格面具是个人适应世界的价值理念或者他用以对付世界的方式。"我们经常戴着面具生活。有些时候戴面具，是为了迎合他人的期待；有些时候戴面具，是为了隐藏内心的脆弱；还有些时候戴面具，是为了保护自己不受伤害。久而久之，我们与面具融为一体，甚至忘记了真实的自己。

戴着面具生活

　　我的来访者彩彤，就是一个把"真心话"埋在心底最深处，从不敢轻易坦露自己的女孩。她每次来我的咨询室，总是先轻轻地敲门，得到我的应允后才缓缓推开门，生怕发出过多的声响会打扰到我。

　　某天，我因为临时有其他工作安排，不得不提前与彩彤沟通调整咨询时间。许多来访者会在咨询的过程中表达自己挫败和愤怒的情绪，但彩彤只是很快地回复了我的消息："没关系，墨多老师，您先忙。看您的时间，我都可以。"

　　在下一次咨询的时候，我与她谈及这次时间更改事件，我问她："在我通知你需要临时改变咨询时间的时候，你有什么感受呢？"

　　彩彤想了想，笑眼弯弯地看着我说："很正常啊，每个人都有自己要忙的事情。"

　　彩彤出生在一个父母都是教师的家庭，尽管生活并不富裕，但父母始终很重视对彩彤的教养。他们常常告诫彩彤要做一个谦逊有礼、与人为善的人。

"我母亲总是念叨'做人要以和为贵，处处为他人着想，这样才能赢得他人的尊重'。父亲写了一幅'诚实守信，宽以待人'的字挂在客厅正中央，我每天回家一抬头就能看到。"彩彤回忆在父母的影响下，她从小就养成了温和善良、体贴他人的性格。无论对待家人、朋友，还是对待同学、老师，彩彤总是尽最大努力去理解和照顾他人的感受，常常把他人的需求放在自己的需求之前。

我问道："甚至压抑自己的感受？"

彩彤点点头，她习惯性地笑了一下，说道："是的，甚至为了照顾在场的每个人，说违背心意的话。"

踏入社会后，彩彤秉持着自己从小到大的"优良品德"，面对同事的小请求和聚餐邀约，她总是很难直言拒绝。一方面是因为怕伤和气，生怕得罪了同事；另一方面也是担心一旦拒绝他人，自己就会受到排斥，从而失去在这个环境中的容身之地。

彩彤刚进入公司还处在实习阶段时，工资微薄。每天下午公司同事都会拼单点奶茶，在这个过程中也互相交流工作信息。

"他们每次问我，我都会犹豫。因为点一杯奶茶，要花我每天三分之一的工资。但是如果不点，我怕长此以往，就会和同事们疏远。"彩彤轻声说道，语气里满是自嘲，"我总是说不出拒绝的话，生怕差了自己那一份，他们就凑不够满减。"

我感受到了彩彤的细腻体贴，但同时也意识到她为此过度消耗自己的能量。把内心的真实想法埋藏在深处，只会让她更加疲惫。

"那么你有没有尝试过向同事表达自己的真实意愿呢？哪怕只有一次。"我追问道。

"我委婉地表达过，但总是很快就被同事们几句话说服了。比如，我说我最近长胖了很多，他们就会劝我：'哎呀，也不差这一杯了，可以点个半糖的。'我不想做那个扫兴的人。"

这个时候，我很好奇彩彤是否找过宣泄的出口，比如向父母倾诉。我问道："你和父母分享过这些情况吗？毕竟他们对你的性格影响最大。"

彩彤的神情变得更加黯淡，缓缓说道："说过一次，但爸妈让我和同事搞好关系，别在外面做那个'与众不同'的人。从那以后我也不想再说了，因为我知道他们一辈子都是这样的行事风格，宁愿委屈自己，也不想让别人不舒服。"我能感受到彩彤内心的矛盾和挣扎。她似乎早已体会到压抑自己的真实感受所带来的痛苦，却始终没有表达的勇气。

处在真实的感受里

彩彤从小就被灌输"谦逊有礼、处处为他人着想"的观念。渐渐地，这些期许内化为自我要求，成为她行事的指导原则。我意识到她陷入了扭曲的人格同化。为了帮助她重拾自我，我尝试运用一种被称为"空椅子技术"的心理干预方法。**空椅子技术是格式塔流派常用的一种心理治疗方法。它让来访者通过想象与虚拟的人进行对话，将来访者的内心冲突外化，帮助来访者更好地分析自己和他人的情感，觉察自身的真实情绪。**

我搬来两把椅子，先让彩彤坐在一把椅子上，然后将另一把椅子放在她的对面。我让她想象空椅子上坐着她的同事，不断邀约她参加各种社交活动。而她则需要一次次用诚恳而理性的方式回绝，阐述自己真实的想法和感受。

"彩彤，今晚来吃饭吗？隔壁组的黄姐月底要离职了，平时她也经常来我们部门走动，咱们一起请她吃个饭？"我扮演着她的一位同事说道。

彩彤深吸了一口气，目光坚定地说道："抱歉，我今晚已经有别的计划了。而且我来公司的时间比较晚，和黄姐在业务上也没有太多交集。"我点了点头，赞许道："非常好，你用坦率而圆融的方式表达了自己的想法，并给出了合理的理由。"

通过一次次的练习，彩彤渐渐放松，甚至主动提出要设置一些新的场景。在工作中，彩彤再也不会被同事两三句话就说服了，她能忠于自己的真实想法，勇敢地表达自己的内心感受。

生命的意义在于不顺从

在重拾自我的崭新旅程中，最关键的一步，就是允许自己坦诚地表达内心真实的感受。

空椅子技术可以帮助我们完成"未完成的事"。以下是一个简明的空椅子技术自助指南，可供我们日常使用，它分为以下三个阶段。

第一阶段：准备阶段。

找一个安静、私密的空间，面对面放置两把椅子。

确定你想要探索的内心冲突或问题，明确对话的主题。

深呼吸，放松身心，让自己进入一个舒适的状态。

第二阶段：对话阶段。

你坐在其中一把椅子上，假设某个人坐在另一把椅子上。

把自己内心想对对方说却没机会说的话说出来，从而完成未完成的事。

使内心趋于平静，不再执着于过去，可以将心理能量集中在当前的生活上。

第三阶段：整合阶段。

当你感到对话使你得到了新的理解或洞见时，尝试总结两方的观点和需求。思考如何在两方的观点或需求之间找到平衡，形成一个新的视角。

弗洛伊德说过："未被表达的情绪永远不会消失。它们只是被活埋了，有朝一日，它会以更丑陋的方式爆发出

来。"过去的彩彤时常将自己的真实感受紧紧封锁，生怕稍有松懈便会引起周遭的非议与排斥。她压抑着内心的种种情绪与想法，只为了"处处为他人着想"。这样的生存模式注定让真挚的自我渐行渐远，生活也将在压抑中逐渐失去色彩。**倘若想要重拾生命的活力，唯一的途径就是打开心扉，用最真挚的方式将那些深埋的感受表达出来。**

在自我觉察的道路上，我们都会意识到：曾经的我，总是想以最完美的形象示人，因此戴上了虚假的面具。我试图让所有人都喜欢我，但内心深处，我却对自己感到厌恶。日子久了，我便误以为这就是真实的自己，却忘了面具之下那张本真的脸。

生命的意义，不正在于拥抱真实的自我吗？当我们终于鼓起勇气，摘下面具，直面内心的感受时，我们才能与真正的自我相遇。真实的自我，或许并不完美，却鲜活而独特。

捍卫自己的权利和边界

在职场中，许多人都经历过类似的困境：刚刚完成一个重要项目，身体与精神都迫切地需要休息，却因请假休息而感到内疚，不得不向公司领导连连保证会远程处理工作事务。这种现象被称为"请假羞耻"。

边界的碰撞

林珺是我多年的好友，她在某家知名广告公司担任创意总监。作为公司业务的主心骨，她工作兢兢业业，无时无刻不在收集业内最新资讯，负责对团队人才进行专业培训，在广告行业中打拼出了属于自己的一片天地。

童年时的林珺对玩偶娃娃没那么喜欢，她的零花钱大多用来买书和文具。在成年许久后，她喜欢上了某个玩偶角色，买了很多该角色的周边，放在床头、挂在包上、摆在自己的工位上，她一直期待能在某个假期去游乐园与自己最喜欢的玩偶角色见面合影。但工作繁重、忙碌，她只能通过视频，远远地窥探那绚烂缤纷的世界一角。就在林珺刚刚带领项目组顺利完成一个大型的长期项目后，她终于有机会喘口气。当她看到自己手机壁纸上的形象时，她心念一动——要不要在工作日请一天年假，错峰去游乐园呢？

抵达自己梦想之境的那天，林珺开心得像个孩子。她戴着发箍、背着卡通包，兴高采烈地拍下自己与动画角色的合影并发到了朋友圈。林珺没有屏蔽任何人，她期待看到朋友们的点赞、评论。但没过多久，她的老板看到了她的动态，并打来质疑的电话。林珺意识到自己可能做错了事……

躲在城堡的墙脚安静处，林珺接通了老板的来电。

刚一接通，老板就劈头盖脸地指责她："林珺，我刚看到你的朋友圈，你去游乐场玩了？就在这个万分敏感的时期？"老板列举了刚刚达成合作的对方公司高层对工作进程与职场形象的种种严苛要求，又明里暗里地指责林珺在工作日请假出游是多么不专业、不负责任。最后，老板撂下一句"你自己好好想想吧！"便挂断了电话。

面对老板的责备，林珺瞬间感到无地自容。看着游乐园里美轮美奂的建筑与熙熙攘攘的人群，她内心的兴奋却烟消云散了，取而代之的是一种前所未有的羞耻感……

"三十多岁的人，怎么还对游乐园日思夜想？为了实现自己的一点儿小愿望，竟然耽误整个项目的进度，我是不是太自私、太幼稚了？"

种种负面的自我暗示，令林珺开始思考自己是否应该放弃孩童般的浪漫愿望，她甚至想立刻中断行程回到公司，努力做个"合格的"职场人。

我们内心的冲突

我发现林珺经历了由外而内的双重边界入侵，这使她对实现自己愿望的决心产生了动摇。一方面，当林珺做出不符合社会期望的行为时，遭到了老板的严厉指责。他以公司项目负责人怎么能在关键时期离开岗位、请假出游，这种行为有违职业操守等话术对林珺施压。这是来自外界的职业边界入侵。

另一方面，在老板一番言论的影响下，林珺也开始自我否定，觉得自己作为一个而立之年的成人，怎么还能抱有如此天真烂漫的梦想？这种负面的自我审视，代表了内在的个人情感边界模糊。

边界感，是指一个人对自己的需求、言行、想法和情绪负责，不过度卷入他人的生活，同时能够在他人越界时及时表示反对，维护自己的权利。在《自我边界》一书中，心理学家乔治·戴德对于边界感有一个简单明了的定义："所谓边界，就是让你的事归你，我的事归我。"

然而，随着我们成年后步入社会生活，外界始终对我们抱有各种期望，同时也以各种规范要求我们。**慢慢地，**

内在自我的呢喃就被社会的呼声取代。我们开始被教育在特定场合应当如何表现，人际交往中哪些行为是"不适宜的"……这些来自外界的价值观和行为准则，就如同一条条会移动的线，逐渐压缩我们的自我空间。我们必须按部就班，扮演合适的社会角色，否则就会被贴上"不够成熟""不够负责任"等标签。

对于总是被评判、被严格管教的人来说，感知到自我边界的存在是很困难的，他们习惯了以忍受、讨好的方式维持关系。**当他们偶尔想要回应内在自我的召唤，满足自己的小小心愿时，他们的边界就会遭到来自社会或内心的侵袭。但作为独立的个体，人有权利追求心中的梦想，活出独特精彩的人生。**

建立并维护心理边界

心理边界是指个体在心理上为自己设定的一个界限。建立并维护好心理边界，有助于人们重新重视一直被忽略的自我感受，发掘和实现自己的价值，防止他人的不当侵扰。下面是一份心理边界建立及维护指南，能够帮助我们关注和尊重自我感受，更好地管理自己的情绪、时间和私人空间。

第一，建立健康的自我认同感。

健康的自我认同感是捍卫权利及边界的前提和基础。它意味着我们能够清晰地认识自己是谁、自己想要什么，并具有配得感。

我们可以通过给予自己无条件的正面关注、接纳自身的缺陷和不足及时刻保持独立思考等方式培养自我认同感。只有拥有自我认同感，我们才能有底气维护自己的权利，拒绝被他人或环境影响。

第二，学会积极倾听内在声音。

每个人的内心深处，都存在独特的内在声音，它代表着我们真正的需求、价值观和边界。**内在声音诉说的可能是个人的愿望、恐惧、忧虑，也可能是对生活的感悟、对世界的理解。**它反映了每个人的真实情感和深层思考，所以我们要培养倾听内在声音的习惯，每当面临决策时，我们可以先停下来倾听内心的呼唤是什么。

第三，练习有底线地说"不"。

对于那些侵犯个人边界的要求，学会果断地说"不"

是非常有必要的。这是捍卫自己的边界的关键能力。在上司提出不合理要求、家人屡次不敲门就进入房间、陌生人提出侵犯个人隐私的问题等心理边界受到侵袭的时刻，我们应该学习用友善而坚定的方式表达，逐步锻炼有原则和有底线地说"不"的能力。**每一次捍卫边界，都是在用实际行动肯定自我价值。**

上个月，林珺给自己放了个长假，我看她每天都在群里分享不同地区的风土人情，她将这次旅行的终点站还是定在了游乐园。林珺向我们诉说起她为什么会被这个玩偶角色吸引，因为它真诚地面对自己的内心，会在困境中勇敢说出其他人不会说出的话。她在一瞬间受到触动，因此喜欢上了那个角色。林珺对我说："我喜欢它是希望自己也能更勇敢一些。"我为她感到高兴，但也没再多问她工作上的事，因为"想说时自然会说"是我们之间的默契；也因为我了解，完成一次自我的转变并非易事，需要足够的时间和空间。捍卫自己的边界，意味着我们终将重拾作为主体的勇气。或许现实会给梦想带来无数阻碍，但至少，我们永远拥有坦荡荡追随内心的权利。

爱自己就要照顾好自己的身体

"无穷无尽地爱自己吧！能有多爱就多爱！" 当述及有关自我与爱的话题时，萨提亚学派家庭治疗大师约翰·贝曼这样写道。

爱自己，在当今越发演变成一声响亮的口号，演变成与朋友探讨时常提起的箴言，演变成在网络上阐述自己美好追求时使用的流行语。除去抽象意义上对于爱的渴求、鼓吹和赞颂，当下摆在我们面前的客观且迫切的课题就是如何具象化地爱自己。

你会嫌弃自己因为前一晚伤心而哭肿的双眼吗？你会

因为自己过往人生所做出的错误选择而后悔吗？你会接受因为探索自我而产生的时时如潮水般反扑的抑郁情绪吗？

渐渐地，我们会发现爱自己本是一条铺满荆棘的道路。

口和胃的悖论

"对于向日葵的印象，是童年时坐火车去探亲，在中部的广大平原上看到了绵延不绝的向日葵花田。它们明黄色的花瓣和深褐色的圆形花盘一起骄纵地朝向太阳，可我匆匆而过，回过头时只看到了它们的背影。"

第一次见到流丽是周四下午。北京秋日的阳光似乎总是格外慷慨，透过咨询室层层叠叠的纱帘，在室内留下许多曳动的光痕。

我们相对坐在沙发上，流丽避开我的视线微低着头，双臂成环绕姿势放在胸前，肢体动作显露出了她的紧张和忐忑。

我知道她需要时间，也知道她会开口。咨询室内一时变得很安静，我们只能听见彼此的呼吸声。

"我没有办法处理和食物之间的关系。"几分钟的沉默后，流丽终于抬头，略局促不安地开始向我倾诉她遇到的问题。"从这个月初开始，我特别想吃东西。脑海里什么想法都没有，每天睁开眼想到的第一件事就是吃。我会忽然想到某种食物，迫不及待地想吃进嘴里，哪怕需要自己费劲做，或者打车去很远的地方吃。吃不到的时候，我就很烦躁，很想哭，很容易发脾气。"

流丽身材高挑、瘦削，她穿了一件黑色长裙，更显得她身量纤纤，整个人像是被包裹进了衣服里。流丽虽然坐在我旁边，但我感觉自己离她很遥远。

"之前我可以每天只吃一顿饭，我对食物没有任何欲望，它们只是我维持生命的必需品。我甚至非常希望食物能变成某种具有神奇作用的保健品，让我不用吃饭也能正常工作和生活。但是现在我觉得自己被食欲控制了。"

当问及流丽近期最大的一次情绪波动是什么时候时，她用手摸了摸自己的喉咙。"前天凌晨。我一个人吃完了一个六寸的蛋糕，但是吃的时候没有任何感觉。没有快乐，也没有满足感，只是机械地重复同一个动作——把蛋糕塞进嘴里。墨多老师，你有没有看过《千与千寻》？我觉得自己就和千寻的爸爸妈妈一样一刻都不停歇地在吃，肚皮圆鼓鼓地撑起来。我害怕了，因为恐惧和厌恶，我开始抠自己的喉咙，"说到这里她开始愤怒起来，"我受够了这反复无常的食欲，我没有办法控制我的身体。"流丽开始流泪，晶莹圆润的泪滴从她的眼睛里滑落。

"我的嘴巴想吃，但是我的胃不想要。"

没有说出口的自我

向日葵，别名太阳花，它的花语是"沉默、没有说出口的爱"。

食物，作为维持我们生命最重要的物质之一，却在不断地拉扯着流丽，几乎将她撕裂。在接下来的咨询过程中，我们首先要着手解决的是食物与需求的关系。

从精神分析的角度看，欲望的不满足是驱使人行动的原动力。我们首先要做到的是：**正视自己的欲望，即明白自己真正的诉求是什么，食物究竟是不是身体最终所要求得到的慰藉。**

我建议流丽在非常想吃一块蛋糕的时候，问问自己：

"我究竟想要的是什么？是这块蛋糕，还是一个理解的拥抱？"如果她不能给出答案，依旧想要吃这块蛋糕，那么在吃它之前，停一分钟，把视线从它身上移开；或者只是看着它，等一分钟，给大脑一个思考的机会。

"询问"和"等一分钟"是我和流丽在第二次咨询结束后定下来的家庭作业，她坚持完成了它们。之后的咨询进入了一个新的阶段——探索流丽真正的需求是什么。她为何会采取如此极端的方式来表达自己的诉求？我从身体与食物入手，深入研究了她的亲密关系、原生家庭以及自我。

送我一束向日葵

荣格曾说：**"向外张望的人在做梦，向内审视的人才是清醒的。"**自我，作为意识的核心，遵循现实原则，平衡超我和本我，与知觉、思维、感受与记忆有关。

在对流丽过往经历的挖掘中我发现，她的暴食其实是对亲密关系的代偿。在她出现问题的那个月的月初，她的男友坦言从前与她在一起只是勉强，他并不爱她，也丝毫不觉得她有任何可爱之处，他现在遇到了真正喜欢的人。男友提出要与流丽结束恋爱关系，转为普通朋友，流丽无奈地接受了对方的要求并开始出现暴食问题。她为何会深陷如此不堪的亲密关系却不能自救呢？原来，在这些事情的背后，隐藏着的是流丽无力的自我。

对流丽及当下许多女性来说，她们总是挣扎在一张混乱的命运之网中。她们常常觉得自己用尽了力气也不能走出现有的困境，她们时常觉得自己唯一能够抓住的就是他人的爱。

她们该怎么办？

正如马斯洛强调的，在这个世界上首先要被满足的低级需求中，安全是第一位的，这与荣格提出的自性概念中的保护动力是相通的。在不安的内心环境中，为了获取更多的安全感，她们的深层核心信念就变成了——"我需要被爱。如果我得不到别人的爱，那么我就是失败的，我找不到自己的价值。"

这种因被动的核心信念而产生的自我是一个无力的自我，是不断向外寻求认同的自我。她们不断改变自身的生存模式，拼尽一生都在寻求安全感和认同。这种后天对自我的修剪，势必会让人感到痛苦。

如何塑造有力的自我？请你向内听，听见自我的诉求。**它一定在表达，你也一定可以听到什么才是你真正想要的。**

如果你希望付出爱、得到爱，那么你就不必囿于家庭和亲密关系。你可以爱生活本身，爱这个世界，也可以爱自己。

具象化的爱浸润且生长于心田，落脚于切实的行为改变和内在接纳。具象化的爱可以真正将爱的力量传递给自己，它让我们人生中的每时每刻都感到温暖。

和流丽的咨询总共进行了八次，持续了小半年的时间。她的生活有了很多新的变化，她正式结束了和前男友的关系，与自己的这段感情完整告别；饮食变得健康有序，合理搭配一日三餐。她还回了一趟家乡，和父母谈及以往不被提起的童年。

我们当然可以通过吃一顿好吃的、喊几句口号或者拒绝见自己的咨询师来逃避现实。但是最重要的是，我们需要认识到只有自己才能为自己的人生负责，**不要压抑自己的需求，不要欺骗自己。**

　　咨询正式结束的那天，流丽送了我一束向日葵。她曾向我讲起她印象最深的一个梦：她站在一片向日葵花田中，所有的向日葵都背对着她。后来，每当我看到向日葵，总能想起擎着一束向日葵送我的流丽。她在走出咨询室之前向我告别，说的最后一句话是：**"它们之所以背对着我，是因为我也朝向太阳。"**

第四章

深度疗愈：找回你的内在力量

"鸡蛋从外打破是食物，从内打破是生命。"真正的疗愈必须向内看见。你眼中的世界，其实是你自己内心世界的投射，当你的内在力量足以让你突破自己的局限、看到自己的强大时，你必会在人生路上勇往直前，所向披靡。

改变负面关系模式，找回自信与力量

年少时，我读过一首纪伯伦论婚姻的诗，其中一段关于爱的阐述令我印象深刻，它生动地描绘了青春时期我心中对于最美好的亲密关系的想象。

你们要彼此相爱，但不要给爱系上锁链；

让爱成为澎湃翻腾的大海，你们的心灵就是它的堤岸。

彼此把对方的酒杯斟满，但绝不可在同一杯中啜饮。

相互递赠面包，但绝不可在同一块面包上共食。

尽情地一齐欢唱、一齐舞蹈，但是，各人都有自己的静独；

就如琴弦，每一根均是独立的个体，尽管它们合在一起时能奏出同一音律。

——纪伯伦《先知·论婚姻》

看不见的网

人们的生活本像一条条平行线，每个人各自沿着原本的轨迹一直向前，与他人保持着不远不近的距离，永不相交，彼此致意。可命运常常像一只看不见的手，悄然拨动着两条平行线，直至它们交织缠绕在一起。倩愉和柏靖的故事，就始于这样的交织。起初，他们也只是在两条毫无交集的平行线上行走。缘分却让这两条线开始反复地交织与缠绕，情感在他们心中荡漾，爱恨也在两人指尖流连。越是缠绕，他们的感情就越像一张大网，囊括了彼此的喜怒哀乐，也束缚着各自的生活。

倩愉是我在老友组织的跨年聚会上认识的女生，我对她的印象非常深刻。那晚刚过 7 点，倩愉的手机就一直响个不停，她急匆匆地出门接听了好几次电话。我看得出她心情不佳，便向身旁的朋友询问她是否遭遇了什么困难。朋友露出一副见怪不怪的表情，对我说："哎呀，她家里那位管得严，估计又在催她了。"饭局进行到一半，大家你一言我一语聊了起来，倩愉一口气喝尽几杯鸡尾酒后，坐到我身旁，开始诉说她那从玫瑰变成荆棘的爱情故事。

原来，倩愉和她的男朋友柏靖是一对校园情侣，今年是他们相携走过的第五个年头。两人经历了学生时期的青涩懵懂、毕业后的彷徨迷茫以及进入社会后的起落沉浮，见证了彼此最完整的"黄金时代"。

倩愉爱好广泛，交友众多，她热情开朗的性格总能让她迅速与他人建立友谊。柏靖却沉默内敛，总是很抵触认识新朋友。他们初识是在学校里，倩愉忘记带教材，便找隔壁班的柏靖借书，一来二去两人逐渐熟络起来。

起初，柏靖是个温柔体贴的男友，总是无微不至地关怀倩愉，雨天打伞，降温添衣，他们之间大大小小的纪念日他都记得一清二楚。他的小毛病或许就是过于黏人和占有欲强了些，总容易被一点儿小事勾起醋意。比如，每次柏靖去等倩愉下课，只要看到她和某个同班男生走在一起说说笑笑，他便会觉得心里不舒服。柏靖还曾以"倩愉男友"的身份添加其他男生为好友，警告对方不要逾矩。

当时的倩愉年轻、天真，对恋人这一"可爱"的小毛病并没有太在意，反而觉得这是他太过在乎自己的证明。为了讨好柏靖，也为了亲密关系能继续发展，倩愉向男同学道歉后，便有意和异性保持距离，上课时也只和女同学组队做作业。她曾建议男友加入一些社团以结识更多同好，柏靖却反驳道："不想认识陌生人，他们都不懂我，我有你就行了。"

尽管这对小情侣偶尔会因此发生一些小摩擦，但基本都无伤大雅。倩愉以为他们还是会像世间千千万万对爱侣一样结婚、生子、变老，幸福地共度余生。直到那件事发生，两人之间出现了难以弥合的裂痕。

某个暴雨天，倩愉打不到车，无奈之下她只好搭一位男性同事的顺风车回家。没想到这一无心的举动，竟让柏靖勃然大怒，两人为此大吵了一架。

倩愉对男友的怒火很不解，抱怨道："每天只有我们俩面对面，我周围的人都被忽视了。"

但柏靖仍然坚持道："只有我们俩不好吗？你总要考

虑你的朋友、你的家人、你的同事，难道我不比他们重要吗？"

那次争吵的最后，柏靖说出了一句令倩愉不寒而栗的话："**真想用一张网把我们罩住，网里就只有我和你。**"

和好以后，柏靖对倩愉的控制反而变本加厉，开始严密监视她的行踪，时刻关注她的社交圈子，对她的一举一动指手画脚。就这样，在柏靖的干涉下，倩愉远离了家人和朋友，缩小了自己的生活圈子。她甚至连参加公司聚餐这样基本的社交活动，都不得不三思而后行，生怕惹来柏靖的猜忌和斥责。言语上的羞辱和贬低更是家常便饭。每当倩愉感到孤独无助时，柏靖便会"趁虚而入"，对她进行所谓的"脑内改造"，说恋爱这么多年，身边多少情侣因成长速度不同而分手，只有他处在职业上升期，却还是选择与倩愉相爱相守。柏靖矢口否认自己的行为是在控制倩愉，反而强词夺理地表示，这一切都是因为他爱倩愉。

在某个深夜，两个人再一次爆发争吵后，倩愉气得冲出家门。当她在街心花园漫无目的地游荡时，她翻遍自己的通信录却找不到一个能倾诉心事的人。这时，手机软件弹出置顶消息："回来吧，很晚了，就算你生气，咱们明天再说。"那晚，她无处可去，偌大的城市却找不到其他的安身之所，她只得灰溜溜地回到两个人的出租屋。

直到此时，倩愉才如梦初醒般意识到，她早已在不知不觉间身陷一个牢笼，被束缚在一张恋人精心编织的网中。

为何强势的"爱"让人难以挣脱

听倩愉诉说完自己的爱情经历，我断定她正处于一种病态的"控制型亲密关系"中。这一概念在心理学家唐纳德·达顿的著作中有过描述。在这种关系模式里，施加控制的一方会无度地使自身的权威膨胀，试图完全掌控另一方的生活，将另一方视为自己的私有财产，对其进行严格的管控和约束。他们会通过监视对方、控制对方的社交圈、贬低对方人格等一系列手段，达到完全支配和主宰对方的目的。

这种控制型亲密关系的危害在于，它不只是单纯的身体伤害，更是对受害者自主权和意志的剥夺。迫害者的终极目标，是要彻底凌驾于受害者之上，使受害者成为被控制、被操纵的对象。最终，受害的一方往往会被严重的自我否定和自我怀疑折磨，丧失生活的主导权和自信心。

很显然，倩愉正是如此。她在柏靖的言语羞辱和精神控制下，开始自我贬低，甚至怀疑自己一无是处。**她关闭了自己的社交圈，把生活的主导权完全交给了爱人，小心翼翼地活在他为她划定的狭窄空间里，根本看不到人生的自由和美好。**

挣脱病态关系，重新找回自我

我静静地听完，没有急于对这段感情进行评判，而是耐心地引导倩愉自己分析这段关系的问题所在："倩愉，你觉得健康的感情状态应该是什么样的？"

"我想……应该是彼此信任，互相尊重，能给对方自由发展的空间吧。"倩愉犹豫了一会儿，慢慢说道。

"那你现在的感情状态是这样的吗？你感到快乐和满足吗？"这个问题让倩愉久久地陷入了沉默。

倩愉脑海中突然闪现一个瞬间，在他们两人最初选择住处的时候，柏靖极力劝说她选择距离柏靖公司更近的房源。明明是体贴的爱人，却忍心让她每天花三小时通勤。柏靖说："这么选只是为了方便，你也不想我太辛苦吧？"现在倩愉才渐渐发现，这处房子确实"方便"，"方便"她对远距离通勤感到疲惫，"方便"她拒绝朋友和同事组织的社交活动，甚至"方便"她辞职专心照顾对方。

有多少人在爱里委曲求全，却最终失去自我。倩愉意识到这是她自己必须面对和解决的课题，无法假手于人。她开始着手重建自己的生活，重新与曾经的朋友联络，并加入了一个女性成长小组。在那里，她遇到了许多和她有相似经历的女性朋友。大家互相倾听，互相鼓励，一起分享各自的生活与感悟。在小组讨论时，大家分享了以下这些具体可行的方法，帮助倩愉及更多女性摆脱控制型亲密关系，重新找到坚定、独立的自我。

第一种方法，重新定义自我价值。

我们需要重新定义自我价值，将定义自我价值的权利牢牢地掌握在自己手中。我们需要认识到，自己的价值并不因他人的评价而改变，自身的独特性和内在品质才是决定自我价值的因素。

花时间独自反思，写下自己的优点，如善良、智慧、有创造力等，以及过去所取得的成就，哪怕只是一些生活上的小成就。

如果今天晚饭后没有犯懒躺着玩手机，而是跟着教程做了一件可爱的手工艺品，在针线细细密密的缝制过程中进入了心流状态，这就是一个值得记录的小成就。每天花几分钟回顾这个成就列表，提醒自己"我很有价值"。

第二种方法，建立健康的关系边界，承认爱有界限。

要想改变负面关系模式，我们需要建立自己的关系边界，而不是任由他人以爱之名模糊边界。柏靖之所以会变本加厉地控制倩愉，其实都是她"默许"的。我们可以明确自己在关系中的界限，学会说"不"，不接受任何的贬低和控制，哪怕是最亲密的人说这是"为你好"。

倩愉渐渐迷上了做手工，并报名参加了手工制作兴趣班，进行系统的学习。转变并非一蹴而就，柏靖起初百般阻挠她的计划，但倩愉没有动摇，她明白，这些都是控制者常用的伎俩。她坚定地告诉柏靖："我有自己的爱好和生活，这是我自己的事。"

第三种方法，独立面对世界，向美好敞开怀抱。

倩愉开始尝试很多过去从未做过的事情：一个人旅

行、学习一项新技能、参加志愿者活动……渐渐地，她在独立做事的过程中拥抱了更好的自己。

自由的滋味是甜的，也是苦的。倩愉搬出了与柏靖合租的小屋，开始着手装修自己的设计事务所，并打算重新考虑这段关系。"重获新生"的倩愉，也曾在夜深人静时因过往的经历而感到悔恨和无助。每当这时，她都会想起她在女性成长小组里听到同伴分享的一句话："**关照内心，拥抱未知。**"

这次再在聚会上看到倩愉，她正神采飞扬地与朋友们聊天，手中不停地摆弄着一些可爱的手工艺品。与我打过招呼后，她从包里掏出一件小小的手工艺品送给我，这是她目前最满意也是她做的手工艺品中最畅销的一件——用红色毛线织出一张网，网罩住两个拥抱的小人。她将这个作品命名为"情网"。她羞涩却又自豪地告诉我，她现在的身份是某手工品牌的主理人，并邀请我有空去她的设计事务所坐坐。

"真爱之舟，扎根于自由之沃土。"真正的爱，邀请我们走向彼此，却也鼓励我们不断探索外面的世界。

许多人在回忆自己与恋人初遇的时刻时都会用"坠

入情网"这个词，**但是，爱不是一张网，不应束缚住两个人的双手双脚，让彼此再不能与外界互通。**爱不是控制占有，不是权衡利弊，更不是融为一体。爱是彼此鼓励，彼此支持；是我永远欣赏你为广阔的世界失神的瞬间。愿倩愉和千千万万的女性创造力与生命力永驻，生而自由，再无束缚。

世界是我的牡蛎，我将以利剑开启

　　每个人都经历过生命中那种失去掌控感的无助时刻，在那些时刻，我们仿佛只能被动地接受命运的摆布，生命的缰绳已经不在自己手中。**这种失去掌控感的体验，会让我们的内心充斥着恐惧和无力感，感觉自己像一头被缰绳套牢的虚弱大象，只能任由命运肆意驱使。**

"宿命论"的悲观怪圈

最近遇到的一位来访者的人生经历让我印象深刻，她用自己的小半生体会了生命无常，并向我诉说了当一个人失去掌控感时是怎样的心理体验。

来访者兆轶坐在我面前的时候，我感觉中年的她竟然隐隐已有垂暮之感。作为一家公司的前总裁，她凭借过人的胆识和斗志，带领自己的公司迅速发展。然而，随着所在行业越来越不景气，这家公司陷入了负债的困境。

兆轶叹息道："我当时还天真地以为，凭借我们公司多年的积累和过硬的实力，一定能够挺过这个寒冬。我当时坚定地对员工讲，危机就是机遇。现在回想起来，真是讽刺……"兆轶的眼神中闪烁着不甘和悔恨。

公司倒闭的那天，兆轶站在一片狼藉的办公室里沉默不语。在作废的合同和打印机旁边，她恍惚间觉得过往的黄金岁月似乎是一场梦，从今天开始才是真正的生活。一夕之间，这位曾经意气风发的总裁陷入了泥淖。资不抵债、走投无路的窘境，让她第一次对自己的成就和能力产生了怀疑。原本羡煞旁人的事业如今荡然无存，她所有的付出和努力也都随之化为乌有。更令她焦头烂额的是，公司关停后她还需要独自偿还欠下的债务。

曾几何时，那个与人谈笑风生的总裁，如今却独自迷失在人生的岔路口。她的内心深处总有一个声音在不停地问自己："生活到底是谁在掌控？每个人都只是命运的作品吗？就连我这样自认能亲手改变命运的人，最终也难逃被命运摆布吗？"

掌控感与积极心态

掌控感是一个重要的心理学概念。它是指个体对自己对生活事件的掌控能力和影响程度的感知。当个体感受到自己能够影响和控制生活中的重要事件时，他们会体验到较高的掌控感，这种感觉能增强人的自信心，提升应对能力。

在最初几次的心理咨询中，兆轶曾郁郁寡欢地对我说："人到中年，最害怕失去。""命运"作为高频词越来越频繁地出现在我们的对话中，兆轶开始更多地将注意力放在曾经做出的人生抉择上。"如果不是……""如果当时……""唉，没办法，这都是命。"我可以确定她进入了"宿命论"的悲观怪圈，她的掌控感已全面丧失，这正是她开始坚信命由天定的原因。

"兆轶，你说得很有道理。每个人的命运确实都充满了未知。"在她诉说完自己的遭遇后，我缓缓开口道，"但是，你有没有思考过，究竟是谁在掌控我们的命运？是看不见的宿命决定了一切，还是我们内心的信念？"

兆轶年轻时是和同龄的青年男女一起从乡村来到城市打工的一员。当时工作机会少，许多人都想找一个临时工作赚几年钱便回老家生活，兆轶却雄心勃勃地想干一番自己的事业。她进入行业的时候还没什么经验，为了积累资源她不停地拜访客户，在工厂、仓库向专业人员请教学习。再回头看时，她已经走了很远的路。

"其实，每个人都拥有重新掌控自己生活的能力，关键就在于心态。"我郑重地对她说道，"如果我们丧失斗志，选择被动地听从命运的安排，那它就会像一位严厉的骑师，随意驱使我们。"

兆轶攥紧了拳头，指甲几乎嵌入了掌心。我继续说："你可以成为自己命运的骑师。调整心态，把关注点放在现在和未来上，哪怕从起点重新出发，只要相信自己，你就一定能再站起来。"

伴随着我的开导，兆轶的眼神中重新燃起了一丝希望的火花。是啊，一个曾经带领部下在商业丛林里厮杀的女强人，怎么会不知道士气的重要性呢？她已经意识到，心态和信念才是重新掌控自己生活的关键。

"您说得对，我不能再把失败归咎于命运了。"良久，兆轶终于开口说道。

世界是我的牡蛎

当我们在生活中感到绝望与无助时，该如何找回自己的掌控感呢？

第一，接受现实，正视困境。

正视当下的困难，接受当前的挑战，不要逃避和否认。请尝试与自己沟通：**"现实就是这样的，我既不会想象与美化，也不会否认与逃避。"**

第二，培养积极的心态。

在遇到困难时，我们可以尝试从积极的角度去看待问

题，寻找机遇和可改进的部分。每当遇到挫折或失败时，我们与其将挫折与失败归咎于命运不公，不如思考自己的哪些决策和行动值得改进。同样，当取得成功时，我们也要认识到个人努力的重要性。久而久之，我们将形成一种积极的归因风格，增强自信心。

第三，增强行动力，重新定义目标。

根据新目标与当前的情况，制订详细的行动计划，明确具体任务和时间节点。我们需要一步步实施行动计划，记录自己的进展和成果；定期与支持者沟通，了解他们的反馈和建议，不断调整和优化自己的行动计划。

从那以后，兆轶确实如她所说的那样，开始调整心态。她不再看重过去的得与失，而是将目光聚焦于当下与未来。她重新着手制作简历，并开始有针对性地投递给潜在的雇主。她依靠自己多年的工作经历和人际关系资源，很快就获得了新公司领导的认可与赏识。在我的建议下，在家庭和朋友的支持下，兆轶不再萎靡，稳扎稳打，重新获得了对生活的掌控感。

她在自己的日记中写道：**"世界是我的牡蛎，我将以利剑开启。"**斗志昂扬的兆轶再一次出现在人们眼前时，鲜活、有生命力、闪闪发光。她不再害怕跌倒，因为她拥有再站起来的强大勇气。

与焦虑和不安握手言和

　　每个人的一生从一开始就要面对一系列没有确定答案的问题：未来将会如何？生命将会如何度过？我们要为自己找到怎样的位置和意义？很多人一生都在逃避这些问题，企图在确定的事物中寻求安全感。他们期望认真学习就能获得优异的成绩，期望努力工作就可以不断攀升，期望好好经营关系就可以幸福美满。无情的是，命运从不按部就班，你我都将在漫长的人生之路上与不确定性相遇。

达摩克利斯之剑

不确定性从来就算不上坏事，恰恰相反，它是我们成长、进步和改变的动力。只是当我们感受到它的存在时，都会不可避免地出现焦虑、不安甚至恐惧的情绪。

铭筠就是这样一个曾被不确定性压倒的青年。作为一所普通院校的学生，她自认履历并不出众，因此她在大学时期勤奋进取，参加各类比赛和实习，憧憬毕业后能找到理想的工作。果不其然，毕业后铭筠如愿以偿地进入了一家在业内口碑还不错的公司。可是好景不长，铭筠所在公司的经营状况出了问题，不得不裁员减薪，她拿着一笔赔偿金被迫离职。

起初，铭筠并未将这视为"失业"，而只是把它当成一次放松的机会。她用那笔赔偿金旅游、学习，希望在这段空档期能好好调理身心，为将来重新投入工作做足准备。可是随着时间的流逝，铭筠惊讶地发现，自己之前所在的行业正处于一段低迷和艰难的时期。她参加的零星几个线上和线下面试，都未得到回复，再次进入职场的门像是被牢牢地关上了一般。一个只有两年工作经验的她，在就业市场上并没有太大优势，找到一份称心如意的工作竟然如此艰难。

"每一天我都在不停地浏览各大求职平台，投简历、联系面试官，还拜托行业内的前辈内推合适的岗位，但是这些努力就像石沉大海。"铭筠失落地说道。就在这时，焦虑和不安的情绪开始在铭筠心中蔓延。种种挫折和被拒之门外所带来的无力感，像把大锤一下一下地砸在她身上。她开始怀疑自己的专业能力，开始害怕职业生涯就此结束，开始对未知的将来感到绝望。

幸运的是，铭筠与她对接过的一个初创公司的老板共事过，那位老板非常欣赏她认真负责的工作态度，在招聘时向铭筠伸出了橄榄枝。铭筠顺利办理入职，在新的公司和住所开始工作、生活。但是那种焦虑和不安的情绪仍然如达摩克利斯之剑般悬在她的心头。铭筠总是一次次在梦中惊醒，恍惚间她感觉自己处在一个全然陌生的新环境，时刻忍受茫然和无措的侵袭。

"我每次从睡梦中惊醒后，都需要很长一段时间才能再次入睡。就在这段时间里，我不停地思考现在的工作进展得顺不顺利；公司和行业的状况怎么样；会不会某一天

又突然失去工作；万一失去了工作，我的下一步又该朝哪
个方向走……"铭筠说道。

唯一不变的只有改变

**焦虑的本质，是一个人因无法忍受明显、关键信息的
缺失，而引发的厌恶反应。大多数焦虑情绪都源于对不确
定性的恐惧。人对不确定性的忍受程度越低，感受到焦虑
的可能性就越大。**

事实上，大多数时候我们的一些担忧只不过是杞人忧
天。因此，面对由不确定性带来的焦虑，最关键的还是我
们要拥有内在的安全感和自信心，以此应对生命中的各种
变化。

"铭筠，我能够理解你所感受到的焦虑和不安。当我
们置身于一种极度不确定的境况时，心态往往会被恐惧与
迷茫影响。"听了铭筠的痛苦倾诉后，我这样对她说道。

"曾经有一段时间我沉迷于翻转棋，它的乐趣在于即
使身陷绝境，只要我不放弃希望，就随时可能反败为胜。
生活中充满各种意外和变化，它们时不时就来搅乱我们的

人生。因此，目前的处境无论好坏，都不是一成不变的。唯一不变的只有改变。"铭筠若有所思，似乎在领悟我这番话的意味。

悬而未决才是常态

具体来说，我们可以采取以下方式与焦虑和不安握手言和。

首先，我们要意识到不确定性出现是生活的常态，没有什么是永远不变的。拥抱变化与生命之路的蜿蜒曲折，去感知它们带来的一切新启示和生机。接纳，而非对抗它们，是我们的内心走向自由的关键一步。

其次，**学会忍受"悬而未决"的状态。要知道这个世界上的所有事情，开始和结局只是非常短暂的瞬间，大部分时间它们都处于一种悬而未决的状态。**相信未知中蕴含着机遇，而非威胁。用好奇、乐于探索的心态，而非惶恐、想要逃避的心理，去面对不确定性。

最后，增强自我认同感。相信自己拥有足够的能力和勇气应对各种变化。**请告诉自己："我不知道生活的不确**

定性何时出现，但这并不重要，重要的是，我一定有能力应对这些不确定性。"与此同时，我们也要学会寻求外部资源的帮助，而非孤军奋战。

摆脱习得性无助，夺回人生主动权

雪霁初晴，阳光温暖而明媚，透过窗户洒落在地板上，一片柔和的光景出现在眼前。我正舒适地坐在咨询室的沙发上，翻看一本积极心理学专著，时不时喝一口手边的热可可。这一刻，宁静而闲适，让人心情舒畅。

一遇到问题就想逃

"积极心理学是幸福和不幸福的时光所交织出的纹理，以及此间显示出来的优势及美德，这些决定了我们的生活

品质。" 就在读到让我深以为然的这一句话时，门外响起了一阵脚步声。我抬起头，看见一位年轻女孩走了进来。

寒冷的冬日，她面容苍白却仍只身着单薄的外套和高领衫。在我调高房间温度，递给她一杯热可可后，女孩终于落座。她纤细的双手捧着杯子，凝视着从杯中升腾而出的水汽，缓缓开口道："我最近一直处于非常消极的状态，总感觉自己就像走在一条看不见尽头的单行道上，别无其他选择。"

我点点头，示意她继续将心中的困扰诉说出来。司俪深吸一口气，胸膛微微起伏，眼神黯淡，缓缓说道："我不是一个乐观的人，从未体验过那种对未来充满无限向往和期盼的感觉。自从今年换了一份新工作，各种失败和批评如同巨大的浪潮将我彻底席卷，我的内心就更找不到力量的源泉了。"

原来，司俪几个月前刚入职某家时尚杂志社，担任活动策划一职。由于前期业务培训不足，她在筹备活动时出现了失误，导致现场发生了意外情况。那天活动结束后，急脾气的主编当着同事们的面狠狠地斥责了她的工作能力，甚至断言她的职业生涯不会太长久。

　　司俪已经不记得那次活动结束后她是怎样与同事处理好剩下的事务、怎样离开场地回到家的。她的眼睛不受控制地泛起泪花，声音也开始哽咽："我感觉我什么都做不好，现在就连让我去做一些基础活动的场务，我都害怕自己再次犯错。"在后续的其他工作中，复杂的工作流程与错综的人际关系也都让司俪饱受挫折和打击，她渐渐开始怀疑自己是否还有重新振作的勇气和能力。

　　司俪每天浑浑噩噩地来到工位，总觉得同事、领导在对她指指点点，"我要走"几个字一直萦绕在她的心头。工作成了一头会吞人的野兽，司俪再也没有驾驭它的信心；生活也黯然失色，整个世界似乎都笼罩在一片阴霾之中。

习得性无助的黑洞

　　听着司俪将心中的苦闷一一倾吐，我能清楚地感受到，她所面临的困扰背后是习得性无助。习得性无助这个概念是由美国心理学家马丁·塞利格曼提出的。**习得性无助，是指个体在长期经历无法控制的负面环境刺激后，逐**

渐产生了一种无助感和无力感，即使身处可以控制的环境也会表现出被动和放弃的倾向。这种无力状态会影响个体的认知、情绪和行为，使得他们丧失主动权。

一开始，司俪可能只是在工作中遭遇了一些挫折，受到了一些无情的批评和讽刺，但之后由于持续不断的失败反馈，她的内心便开始产生了"无论我怎样努力，都无法控制结果"的信念。渐渐地，无力感如同无形的枷锁，将她的斗志和勇气尽数捆绑，使她处于"无能为力"的阴影之下，哪怕面对可以掌控的机会，也会主动放弃。

司俪之所以会感到如此无助和被动，并非因为她能力不足，而是因为长期遭受失败与批评的冲击，让她逐渐丧失了对人生的掌控感。**事实上，如果我们能勇于改变自身，就可以为生命注入新的活力。**

改变习得性无助

为了帮助司俪重新夺回人生的主动权，我决定采用一种被称为"认知重构"的方法，这种方法的原理是通过改变不合理的思维模式改善情绪和行为，它将帮助司俪逐步挣脱习得性无助的枷锁，重新建立自信。

第一步，记录消极想法。

每天记录自己在面对挫折时的消极想法，并分析这些想法是否合理。通过这种方式，我们可以逐渐意识到哪些想法是不合理的。

当司俪再一次坐在电脑前产生"今天什么都没做，我真没用"的想法时，她可以查看自己电脑的浏览记录，就会发现自己在过去的两个半小时里浏览了大量的营销案例，整合出了两条可行的策划思路。

第二步，列举过往的成功经验。

回忆自己过往的成功经验，告诉自己"我并非一无是处"。我们可以列出自己在工作中做得不错的事情，以及那些曾经得到的正面反馈。

司俪在做年中工作总结时，对自己上半年的所有工作进行复盘，发现自己已经成功举办了数次活动，过程中没有出现纰漏，自己也获得了同行的认可与赞许。

第三步，积极思维替换消极想法。

将"我总是失败"替换为"虽然这次没有成功，但我可以从中收获经验，下次我会做得更好"。这种思维方式的转变可以帮助我们逐渐重拾自信。

　　司俪与我分享她童年时在县城的报刊亭看时尚杂志，一看就是一下午。小小的她当时总是幻想："我要是能参加这些活动就好了。"现在，她实现了自己儿时的梦想，甚至还帮助别人实现了梦想。

　　我很喜欢土耳其诗人贾希特·塔朗吉的一句诗："**去吧，但愿你一路平安，桥都坚固，隧道都光明。**"在当下效率至上的社会中，习得性无助常常让我们感到失望。然而，通过认知重构，我们可以逐步摆脱无力感，重新夺回人生的主动权。**生命之路绝非坦途，但只要心中有梦想的火苗在燃烧，人就永远不会陷入绝境。**

告别社交焦虑，拥有和谐的人际关系

你是否在人来人往间、觥筹交错中，总是被一种难以启齿的感觉束缚？你企图逃离，却发现自己早已身陷其中，无路可退。它让你无法自在开口，更无法向他人敞开心扉。这样的感觉会出现或许有千万种原因：喜爱独处、对人情往来无所适从、遭受过言语伤害……无论根源为何，这种感觉总会将我们牢牢束缚，让我们无法在人际交往中施展自如。它就是社交焦虑，随时准备将我们拖入无边的孤独之渊。

与社交焦虑共存的日常

　　我的来访者梦涵，就曾饱受社交焦虑的困扰。梦涵是一家科技公司的骨干程序员。她在工作中表现出色，专业能力备受同行认可。然而，她在社交方面却屡屡受挫。说起自己的烦恼时，梦涵的声音中透着无奈："每次参加公司活动或行业交流会，我都感觉非常紧张，甚至想找借口逃避。"我点点头，示意她继续说下去。"我知道这对我的人际关系资源积累和未来职业发展非常不利，但我真的不知道该怎么办。"梦涵说她总是感到自己在社交场合中无法放松，总是担心自己的表现不够得体、自如，发自内心地抗拒社交，无论主动还是被动。

　　在这次的心理咨询中，梦涵向我讲述了近期发生在她身上的一件事，这件事反映了她长期面对的社交困境。

　　几个月前，梦涵接到出差任务，需要与一位同事一起前往外地进行为期三天的技术培训。这本是再平常不过的工作安排，却让她陷入了巨大的恐慌情绪。

　　"一想到要和一个不太熟悉的同事相处好几天，我就浑身不自在，"梦涵揪着衣角说，"我开始不停地想象整个出差过程中可能出现的每一个细节，生怕自己哪里表现得不妥当。"

在出发前的几天里，梦涵在脑海中不断设想各种社交场景：在机场会合时，要说什么开场白？如果同事找自己聊天，又该如何回答？万一冷场了怎么办？晚上住同一间房，要怎样才能显得不那么尴尬？……无数的"如果"在她的头脑中盘旋，使她坐立难安，夜不能寐。

"我甚至为此列了好几页的'对话提纲'，把每个环节可能出现的对话都写了下来，"梦涵自嘲地笑了笑，继续说道，"可真正出发时，我还是慌得要命，话到嘴边就是说不出来。"

整个出差过程，梦涵都处在极度的紧张和不安中。她尽量避免与同事独处，不得不独处时，她就会感到手足无措，要么不知道该说点儿什么，要么怕自己说错了话得罪对方。"明明只是一次再普通不过的出差，我却在事情发生之前'排练'、在事情结束后复盘这么多天。"梦涵叹了口气，说道，"这种感觉实在太糟糕了。我不明白，为什么我总是无法像其他人一样自在地社交？"

人人都曾在阴霾中徘徊

听了梦涵的倾诉，我意识到这次出差的经历只是她社交焦虑的一个缩影，她所面对的是一种长期的心理困境——对社交场合的恐惧，对他人评价的担忧，无时无刻不在折磨着她脆弱的神经。

社交焦虑是指个体在人际交往过程中体验到强烈的紧张、忧虑和恐惧。

处于社交焦虑状态下的个体，会试图逃避一切社交活动，宁可独自一人；在被迫面对社交场合的情况下，他们的内心则会一直与强烈的情绪进行斗争。长此以往，个体对社交的恐惧感会进一步升级，从而形成一个恶性循环。梦涵在面对需要与他人社交的情境时，她的第一反应总是焦虑与回避。与焦虑情绪的对抗，会大量消耗她的心理能量，因而她常常会感到精神疲惫。

随着咨询的深入，我逐渐意识到她对社交感到焦虑是因为她幼时经常被父母在众人面前贬低。父母总是当着朋友、亲戚的面说她"见了人也不吱声""没有别的小朋友嘴甜"……恐惧的种子深深地埋进了她的心里。

她后来选择学习计算机专业、从事和计算机有关的职业，也是因为她觉得这份工作不需要过多的社交，或许她可以暂时逃避恐惧。

就在梦涵初次咨询结束前向我表示她不擅长与他人建立关系时，我给她倒了杯水，告诉她：**"但是今天我们的交流很顺利，你是有能力面对陌生人的，只是有一道屏障横在你心里。"**

人人都曾在阴霾中徘徊。许多人未能意识到社交焦虑困扰的严重性，他们将出现不适的感觉归咎于自身特质，虽然备受折磨，但从未主动寻求外界的帮助。

正视社交焦虑的根源，是每个社交焦虑者漫长内心之旅的开端。接下来，我们需要拿出勇气去面对、回应直至战胜这份焦虑。

社交焦虑自救指南

如何有效应对社交焦虑呢？社交焦虑者可以尝试系统脱敏法，针对自己的社交困境进行练习。

首先，我们可以根据自己的恐惧程度，为自己的日常社交活动制订暴露等级。例如，与一位同事短暂交谈是低等级暴露，参加团队聚会是中等级暴露，组织一场大型活动是高等级暴露。

然后，逐步进行暴露练习。从低等级暴露的情境开始，我们可以尝试在脑海中想象自己身处该情境——在茶水间与同事碰面，我们需要想象自己顺利地和同事打了个招呼。想象要尽可能详细、生动，同时可以运用放松技巧控制焦虑。反复练习，直到我们在想象该情境时不再感到焦虑。

在每一次暴露练习中，我们需要学会调整自己的情绪，使自己放松，并记录每次暴露练习的进展和感受，及时肯定和鼓励自己，增强面对社交场合的自信心。

当梦涵能够在想象中平静地和碰面的同事问好时，我建议她在现实中开始实践。从最简单的与同事交流工作细节、向领导汇报工作进度开始。在梦涵能够自如地应对低等级的暴露情境后，就可以尝试在中等级甚至高等级的暴露情境中继续实践，直至能够从容面对曾经最恐惧的场合。

内心的恐惧会扭曲我们看到的世界。只有直视它的存

在，我们才能看清事物的本来面目。

我还想强调的是，内向、腼腆从来都不是缺陷或弱点。每个人都应当尊重真实的自我，珍视宝贵的个人特质。**而勇敢地面对社交焦虑，将让我们重新拥抱生命的活力。**

第五章

重启人生：引领自己到达想要到达的地方

萧伯纳说:"生活的重点不在于找到自我,而在于创造自我。"人生旅程从来不需要你沿着固定的轨迹前行,它是一种不断创造与调整的艺术。请正式接手养育自己的责任,用爱自己的方式把日子过成内心最渴望的样子。

打碎并重塑自己的"社会时钟"

在每个人的生命中，都有一只隐形的时钟在嘀嗒作响。这只时钟并非为了记录时间的流逝，而是刻画着社会的期望。它告诉我们，在某个年龄段应该完成什么样的学业，取得什么样的成就，过着什么样的生活。多少自由的灵魂在"社会时钟"的催促下，被生生禁锢在了平庸与僵化中。指针转动，我们就这样被裹挟着，成为社会机器上一个服从指令的齿轮。

争分夺秒的竞争

来访者冀凡是我从业多年来见过的最符合世俗意义上"优秀"定义的女孩，她聪明敏锐，行事果决。在她谈及自己的求学、求职经历时，我被 QS 世界大学排名[1]、绩点、目标与关键结果、投资回报率等一系列名词砸得头昏脑涨。

光鲜体面的履历让冀凡一毕业就顺利进入了某家知名快消品公司工作。新入职的她对自己的职业前景充满憧憬，当她看到自己的名字出现在公司的金字塔式组织架构图的底层时，她暗暗发誓一定要往塔尖冲。然而，现实与梦想总有差距，随着行业人员的过度饱和，为了降本增效，公司开始了无休止的末位淘汰考核。

曾经让人充满成就感的工作变成了一场争分夺秒的竞争，冀凡每天都在办公室和家之间两点一线来回奔波，饥一顿饱一顿，睡眠时间被压缩到极限。高强度的工作节奏

1　由英国一家国际教育市场咨询公司（Quacquarelli Symonds，QS）发表的年度世界大学排名。

和竞争压力，让她身体的各项指标都亮起红灯。胃痛、失眠、焦虑……这些问题如影随形般困扰着她，但在"休息即淘汰"的职场环境中，她却只能咬着牙继续加班。直到某个项目进入收尾阶段，在通宵达旦的复盘会议结束后，冀凡一边往会议室外走一边和同事们畅想久违的春游，她在说完"这次可不许在公园里对齐颗粒度了"这句话后，突然眼前一黑，重重地摔倒在地。同事们慌忙将她送往医院。在病床上，冀凡开始细数自己的成长经历。她意识到，多年来自己一直在按照他人的期望而活，却从来没有认真想过自己内心真正想要的是什么。以透支身体换来的高薪工作和亮丽头衔，真的是她想要的吗？

冀凡捂住自己的脸，疲惫地说："月报、周报、日报，我对自己的工作日程越清晰，对未来的人生规划就越迷茫。"

她突然想起了大学时代下乡支教，在乡村的山间小路上，她见到了人生中最绮丽的晚霞。那时的她，心怀简单纯粹的梦想，她希望有一天能在这样的晚霞下读书写字，过平淡却有意义的生活。但这些年的忙碌，让她把曾经的梦想抛在脑后。所有人都期望她成功攀登金字塔做出一番事业，最好在 35 岁前走上管理岗，在未来有更好的事业发展。

社会时钟

"社会时钟"是人为设置的一种生活轨迹，这个概念旨在描述有关人们生命中重大事件的心理时钟，它反映了社会对个体的期望。"社会时钟"为我们设置了读书、婚嫁、工作等一系列重大事件的里程碑，试图将所有人的生活全部纳入世俗的标准。

明明家里没有老式钟表，冀凡在蒙眬中却总能听到时钟的嘀嗒声。她梦见某个工作日，明明快迟到的她却逆着人流前行，看着迎面走来的戴着工牌的同事们，她感到非常恐惧——**如果不按社会时钟走，似乎分针、秒针都会化为利刃刺向落伍的人。**

看着面前忧虑地向我描述自己梦境的女孩，我清楚冀凡之所以会如此矛盾和焦虑，正是因为长期被一种单一的评价体系禁锢。这种体系为每个人的生命勾勒出一条标准的路径，逾矩则会被视作异类。但冀凡又渴望打破这种枷锁，勇敢地追随内心的呼唤，去体会精彩的别样人生，她内心的冲突便来源于此。

这是一场酝酿已久的思想革命，冀凡必须下定决心，砸碎内化的"社会时钟"，重塑一条属于自己的独特的人生轨迹。一个人如果永远禁锢于某种既定观念和评价体系，那么他注定只能拥有固化而平庸的人生；**只有重新建立判断标准，人才能在生命之旅中活出精彩独特的自我，找到自己的心之所向。**

如何打破单一评价体系

冀凡在咨询中，逐渐意识到要想消除自己内心的冲突感，她必须学会摆脱社会期望的羁绊。在眼下这个阶段，冀凡还有一个至关重要的问题亟待解决：**如何真正做到不被旁人的评判左右，勇敢坚定地活出自我？**

首先，我们需要重新明晰"成功"的定义。传统的社会时钟告诉我们，成功意味着在某个年龄阶段完成特定的任务。但成功的标准绝不应该如此狭隘。

我们可以制作一个愿景板，将自己的梦想以具体可感的方式展示出来。在这个愿景板上，我们可以贴上和写上能够展现自己理想生活的图片及关键词，如"环游地球80天""学习更多关于咖啡的知识""创作一个关于冒险的故事"等。愿景可视化可以帮助我们更清楚地看到自己心中的"成功"，而不是被社会标准左右。

其次，打破单一的评价体系意味着我们需要建立一个多元化的自我评价体系。这不仅涉及职业成就，还涉及个人成长、人际关系、健康、兴趣爱好等多个方面。

在愿景板中设置一个多维度成长的目标板块，每个维度都可以有具体的、可实现的小目标，如"有疼痛立马查找病因，立即休息，避免焦虑""尝试建立和维护关系，定期与朋友面对面谈话，支持彼此的成长"等。在开始计划和构思的过程中，我们前进的方向就会变得十分清晰。

最后，在我们感到压力大时，可以进行自我同情练习。看着愿景板中我们已经达成的成就，想象未来即将拥有的生活，以一个理想朋友的身份无条件关爱自己，尝试用温柔的话语安慰自己，如"其他人也有此感受，我不是孤独的""我为我目前取得的所有成就感到骄傲""我已经尽力了，我值得被爱和理解"等。这种练习可以使我们在面对失败和挫折时更加坚强。

　　最后一次收到冀凡的消息，是她寄来了一张明信片。我终于得以目睹她描述过无数次的乡间日落。明信片的反面写着两行小诗：**"你没有领先，也没有落后，在命运为你安排的属于自己的时区里，一切都准时。"**在理想盛放的坦荡追求中，在打破禁锢的勇气里，每个人都将重拾生命的自由与辉煌。

活出富足喜悦的自己

《对财富说是》的作者奥南朵女士在童年时期经历了亲人离世、家道中落等一系列变故，但经过生活的淬炼后，她最终成长为一名优秀的律师和商业杂志发行人。她在回顾自我与金钱的关系时，曾这么说：**"钱是一种能量，是一种流动的能量。"**

不配得感

你敢相信吗？虽然金钱在我们的生活中扮演着重要角色，但许多人在面对金钱时，却常常产生不安和自我怀疑的情绪。**我们时常渴望获取财富，却又怀疑自己不配拥有财富。**这样矛盾的心态，让我们既无法真正享受金钱带来的富足生活，又无法由内而外地感受喜悦。

曾经一起共事的实习生明熙有一天发消息向我求助："墨多老师，我收到一笔不属于自己的酬劳怎么办？"

我问她："是公司的工作人员操作失误吗？"

明熙回复我："不是，这份工作是我做的。"

在我的问询下，她渐渐打开了话匣子。原来，明熙在读研期间经导师介绍参与了一本心理学图书的翻译工作。接到任务的明熙自然不敢怠慢，很快就与对方对接业务，并迅速投入翻译工作。这项工作并不轻松，这本书涉及大量的专业术语，还需要译者对书中所描述的时代背景有深入的了解。明熙为了做好这份工作，需要查阅很多资料。她为了快些交付成果，那段时间经常加班加点，牺牲了很多个人生活的时间。

明熙当时参与这项翻译工作是为了让自己得到锻炼和提升，从未对报酬有过期待，她只想尽全力完成自己手上的任务。

而就在翻译工作结束后一个月，或许是出于对明熙能力的认可与辛苦工作的肯定，图书公司的工作人员给明熙的银行账户汇了一笔丰厚的酬劳。这对尚在求学阶段的明熙来说，无疑会让她感到格外兴奋与惊喜。"我当时看到这笔钱，第一反应是这该不会是什么新型诈骗陷阱吧？我仔细核实了汇款方，确实是找我帮忙翻译的那家公司。我还特地询问了和我对接的工作人员，他说这笔收入确实是他们付给我的酬劳，我这才放心。"可就在短暂的欢喜过后，明熙的内心却感受到一种愧疚和不安。

明熙认为自己只是一名在校生，翻译水平也远不及专业译者，这份丰厚的酬劳应该是对方看在自己导师的面子上才给的。因此，她对于这笔钱总有一种受之有愧的感觉，全然忘记了自己曾认真、专业地做了大量工作。明熙甚至主动去找当初介绍项目的导师求证，这份酬劳是否归她一人所有。即便得到了导师的肯定答复，明熙内心的矛盾和不安却依旧无法消除。

了解了事情的原委后，我有些哭笑不得，心想这样的好事如果发到网络上会被人指责"凡尔赛"吧？但是，作为曾经与明熙共事过的同事，我相信她确实是在为这笔钱而苦恼，而不是在炫耀。

在倾听了她的诉说后，我给她发消息安抚道："明熙，我能理解你内心所感受到的这种矛盾和纠结。其实，你并不是个例。事实上，很多人在面对肯定和回报时，都会或多或少地产生一种'我不配'的感觉，都会对自己的能力和付出产生怀疑，怀疑自己是否真的配得上这些夸奖或馈赠。"

冒名顶替综合征

其实明熙在和我倾诉烦恼时，我很快就反应过来，她掉进了"冒名顶替综合征"的陷阱。**冒名顶替综合征是指个体无法将外在成就内化，总是低估自己的能力并由此产生一种"欺骗感"的心理状态。**即便客观事实证明，他们确实具备优秀才能，"冒充者"们还是在内心深处认为自己配不上目前所获得的成功和财富。

　　明熙在这个项目上费尽心血，最终成果也得到了图书公司的认可，但她在获得回报时却仍然认为自己不配拿到丰厚的酬劳。事实上，这都是她内心不合理的信念在作祟。

　　明熙看了我的消息，过了几小时回复道："墨多老师，我大概明白了，我之所以会对这份酬劳产生这种矛盾心理，根源就在于我对金钱和成就的认知存在偏差。我总是认为，只有事事达到我心中的'完美'标准，才能配得上金钱的回报。"

　　明熙的回复说明在我的这番疏导之下，她内心的矛盾正在慢慢化解。她开始改变对金钱和成就的偏执认知，以更为宽广的心胸接纳外界给予的馈赠。

如何应对"金钱羞耻感"

　　明熙代表了很多人，他们的冒名顶替综合征使他们产生了一种"金钱羞耻感"。他们缺乏对自我和金钱的正确认知。

　　面对这种不健康的状态，我们可以考虑通过如下步骤调整自己与金钱的关系。

第一步，识别与接收。

我们需要识别自己的冒名顶替综合征，明晰自身的才华与努力，认可自己的成就和价值，花费时间自我问询："当一笔财富降临时，我的感受是喜悦还是惶恐？""对我来说，金钱和财富的意义是什么？""我为什么会觉得自己不配？"

我们可以对自己说：**"我虽然普通又平凡，但每个人生来都有独特的价值，我不需要拿什么去证明自己，我配得上一切肯定与回报。"**

第二步，建立健康的金钱观。

我们需要调整自己对金钱的态度。**"当谈论金钱时，我们在谈论什么？"**金钱是一种工具。**我们需要透过金钱，看到自己想要的是一种怎样的生活。**

只有当我们尝试从积极的角度去看待金钱时，它才能和我们建立良好的关系，化身为努力的回报，助力我们实现理想的生活。

第三步，拥抱生活的馈赠。

在约翰·史崔勒基所著的《世界尽头的咖啡馆》一书

中提出了"存在意义"这一概念。当一个人明确他为什么存在时，就相当于定义了自己的"存在意义"。

大家身边是不是都有这样一个人？他对自己所做的事情兴致勃勃，他的世界似乎总是充满了惊喜。究其原因，是因为那个人在做的都是他最想做的事情。他知道自己的"存在意义"，也总能靠自己的兴趣和专业获得更好的物质条件。

所以，创造自己想要的人生就是在创造财富。

金钱犹如一面镜子，照见我们心底深处的真实感受。我相信每个人都可以消除内心的矛盾，以一种喜悦和富足的心态，去拥抱并珍惜生活给予的每一份馈赠。

持续学习，终身成长

心理学是一门深奥且仍在不断研究发展的学科。作为心理咨询行业内的一分子，我可以负责任地说，如果你想从事与心理学相关的职业，就注定永远无法停止学习的脚步。比如，我现在依然要定期去上督导课程，紧跟学科发展，学习新的知识。每次在督导的指导下，即使自以为已经掌握得很好的技术，我也能找到可改进之处。

在这个瞬息万变的时代，学习似乎变得更重要了，唯有持续学习，提升自己的认知，完善自己的知识结构，我们才能实现终身成长。但我也明白，学习新的知识与技能是不容易开始和坚持的。

被困于舒适区

雨佳毕业的那年正逢大型企业大量招聘的好时机，她如愿顺利入职，工作也是一帆风顺。然而，这家大型企业多年来的管理模式注定了每个员工负责的都是某一个独立的环节，就这样，在该企业工作的十年里，雨佳虽然稳获薪资，实际上并未学习到多少新技能。她每天重复着同一套流程，知识和能力都止步于当初的水平。

在如今这个飞速发展的时代，企业面临转型，岗位的技能要求也在不断更新，而雨佳的知识和技能发展已经停滞多年，导致她现在想要继续工作都面临巨大的障碍。她非常渴望能够学习一些前景广阔的新技能，甚至一度考虑去学习编程，但她终究没有勇气真正迈出第一步。

在听到雨佳作为一名产品经理却想去学编程的想法时，我不禁感到好奇，这对她来说无疑是一个巨大的挑战，我问她："雨佳，你最近是不是一直在考虑学习编程的事情？"

雨佳点点头，叹了口气说："是啊，自从上次在工作对接中遇到了很多不能理解的部分，我就一直想学习编程，但总是无法真正开始行动。"

"你想学习编程的初衷是什么？"我继续问道。

雨佳沉默片刻，苦笑着说："主要是为了保持职业竞争力吧，毕竟现在竞争太激烈了，我无法保证自己的能力始终能对工作发挥作用。"

"但可能是我年纪大了吧，我感觉自己已经很难再从零学习一项技能了。加上我现在每天都需要照顾一家老小，又不可能挤出时间专门去学习，所以这件事一直停留在'想法'阶段。"雨佳苦恼地对我说。她早已在闲暇时间准备好了相关的学习资料，却迟迟没有动力翻开资料学习编程。

持续学习的动力

我能觉察到，雨佳之所以一直无法真正开启学习进程，根源在于她更多的是因外部压力而产生了学习动机，而非因发自内心地想要提升自己而产生了学习动机。

事实上，促使个体开始和持续学习的动力，大致可分为外部动机和内部动机两种。外部动机是指不是由活动本身引起，而是由与活动没有内在联系的外部刺激诱发的动机。比如，学习技能是为了找一份好工作、获得晋升等。外部动机虽然也可以促使人们学习，但这种学习往往是被动的和短暂的。内部动机则与活动本身有关，个体对活动本身有兴趣才会产生内部动机。只有在内部动机的驱动下，人们才能在学习过程中保持恒心和热情，从而取得事半功倍的效果。

不难看出，雨佳目前的学习动机是外部动机。她想学习新技能主要是为了应对就业市场的压力，而非对知识和技能本身感兴趣。外部压力虽然使她产生了危机感，但难以支撑她长期学习的决心。一旦外部压力减弱，或是在学习过程中遇到重重障碍，她就很容易放弃学习。正因如此，尽管她一度考虑过学习编程，但终究没有动力真正付诸行动。这种依赖外部动机的学习，往往难以开始和坚持，更难以取得实质性进展。

相反，如果雨佳能找到学习的内部动机，她就能在学习编程的过程中感受到前所未有的乐趣，而不仅仅将其视为辅助就业的工具。有了内部动机，她就能在面临困难时，心怀斗志，砥砺前行，持之以恒地学习下去。

如何激发学习的内部动机

激发学习的内部动机是一个循序渐进的过程，需要我们从日常生活中发现知识和技能学习为我们带来的乐趣和价值。

首先，我们需要确定自己的人生主线，思考自己的人生意义，找到自我实现的方向，发现自己的兴趣所在。当我们意识到自己对某些知识和技能的学习感兴趣，并且它们能够帮助我们更好地实现人生理想时，就能怀着一颗谦逊的心持续学习。

其次，为学习设立一些阶段性目标。当我们完成某个阶段的学习后，可以给予自己适当的奖励。这种正向反馈，能够让我们获得成就感与满足感，从而燃起继续学习的欲望。

最后，与志同道合的人一起学习，互相勉励，这样做能够激发彼此的学习热情。我们找到自己的兴趣后，可以加入线上、线下的学习小组，在这种氛围中与志趣相投的伙伴一起学习、钻研。

雨佳在几次咨询的过程中和我分享，她找到了自己的兴趣所在。她在瑜伽练习的呼吸之间，感受到了时光的游走。她说自己最近正在备考，如果考试通过即可获得瑜伽教练证书，她在这个过程中也结识了很多有共同爱好的女性朋友。

外部动机固然能驱使我们一时积极前行，但发自内心的学习热忱，能让我们在梦想之路上不断求索。当我们渐渐发现知识和技能背后所蕴含的奥秘和乐趣时，我们才能摆脱被动，以一个全新的视角解读学习的意义。

零压社交，获得独一无二的情感体验

在现代社会中，社交已经成为我们生活的重要组成部分。无论在工作中还是在生活中，我们都不可避免地要与他人互动，但社交并不总是能给我们带来愉快的体验。许多人在社交中感受到更多的是压力和负担，而不是情感上的满足与愉悦。

社交的意义

知世供职于一家大型企业。她初入职场时，对职场中的人情世故一无所知。在与兄弟企业进行联谊活动后的第二天，领导把她叫到了办公室。

"知世，昨晚的活动怎么样？"领导温和地问道。

"挺好的，很热闹。同事们相互交谈，也吃了不少东西。"知世回答道。

领导微微一笑，随后语重心长地说："社交不仅是工作的一部分，也是职场生存的必修课。你需要学会处理人情往来，多观察同事们怎么做，别只顾着埋头吃。"知世听了，脸上一阵红一阵白。回到家后，她与朋友们分享了这件事，大家帮她分析了一番，她才领悟了领导话中的深意。

原来，知世在饭局上坐错了位置，作为新人，她却坐在了主位上。几个同事带来了家乡特产，借此机会相互熟识。觥筹交错之间，他们还巧妙地把话题引向业务。几杯酒过后，大家都互相加上了联系方式，相约下次一起参加其他活动。只有知世一味地埋头吃饭，没有参与他们的讨论。

　　理解了领导的意思后，知世开始反思自己的社交方式，并决定向经验丰富的同事请教，观察他们在各种场合中的表现，向他们学习如何巧妙地处理人际关系。

　　在接下来的几个月里，知世积极地参与各种公司活动，与同事们交换零食和小礼物，在聊天时主动创造话题，并留意交谈中的信息。慢慢地，她发现自己在职场社交中变得游刃有余。而她不知道的是，她在不知不觉间将这样的思维和处世方式也带到了生活中。某次，知世小时候的玩伴皓文来到她工作的城市旅游，为了答谢她相伴游玩，临别前送了她一条价值不菲的羊绒围巾。

　　知世在收到礼物的那一刻有些惊讶，脱口而出："这么贵重！这让我怎么回礼呀？！"知世在心里开始反复盘算该如何给皓文合适的回礼，连挥手告别时都笑得十分勉强。

　　过了一会儿，知世收到了皓文发来的消息："我送你礼物从来都不是希望你回给我更大的礼。我买它的时候，只是希望你收到会高兴。"

　　知世听了十分感动，同时也陷入了沉思：为什么朋友之间真诚的交往，却被自己下意识地当成了负担？

照见坦诚、本真的自己

人们感受到社交负担常常是因为他们对社交活动的本质认知不明。如何在社交中找到平衡，轻松地获得与提供情绪价值，是每个人都需要思考的问题。

知世开始怀疑，自己是否已经形成了一种思维定式——一切的社交往来，都涉及利弊得失的算计。在知世熟谙职场社交后，她的人际关系网络确实得到了极大的扩展。但她却渐渐发现，自己越来越难以单纯地享受社交。谈心、吃饭、出游，她开始对所有社交场合都保持高度警惕，刻意思考该如何与人交往，生怕自己会说错话或失察冷场。

"这样的人情往来让我感觉很累，仿佛失去了与人相交本应感受到的快乐。"知世向我吐露心声。

我这样对知世说："也许在感受到他人的善意时，我们可以尝试着不再权衡和计算，而是发自内心地感激对方。"

我看到知世似乎有些动容，继续鼓励道："也许社交的真正意义就在于人与人之间的交流、互动能为彼此带来丰富、真切的情感体验，使人通过他人照见坦诚、本真的自己。"

拥抱零压社交

"零压社交"是我为知世提供的改变现在处境的方式。零压社交鼓励我们在社交中展示自己最真实的状态，保持自我，把精力更多地放在相处的时刻，让社交成为轻松、自由、有益的体验。

我们可以通过以下三个步骤实现零压社交。

首先，重新定义社交。我们需要花时间独自反思："与人交往对我来说意味着什么？我真正希望从社交中获得什么？"**社交不应当被视作利益交换的方式，它是情感交流的渠道。**

其次，需要给予自己与他人更多的信任，用语言真诚地表达自己的想法。与其花费心思揣度他人的想法、刻意迎合他人，不如学会在社交中尊重自己的需求，坦率地表达真实的情感和想法。

最后，构建自己的社交舒适圈，调整社交距离和方式。想象我们的社交世界是以自己为中心的一个同心圆，我们可以根据与他人的亲密程度，将他们划分到不同的圆圈中。

最内层是亲密圈，这个圆圈中的人可以是我们的父母、家人。我们可以敞开心扉，与圈中的人分享自己的秘密、恐惧、梦想……这是一个会让我们感到安全、温暖的空间。

第二层是信任圈，这个圆圈中的人可以是我们信赖的朋友。我们和朋友有共同的兴趣爱好，彼此欣赏和关注。在这个空间里，我们可以放松地做自己，与朋友分享彼此的生活点滴，互相给予关心和帮助。

最外层是友好圈，这个圆圈中的人可以是同事和邻里。我们在与他们相处时可以互帮互助，但同时也要注意边界。

"爱出者爱返，福往者福来。" 在社交的过程中，我们只有以最真诚的心拥抱纯粹的人间情谊，体味美好的相处时刻，才能真正在社交中获得独一无二的情感体验。

凡事发生皆有利于我

你曾为成功欢欣鼓舞吗？你曾因一时失败而低落消沉吗？生命中所有的得到与失去，回报与给予，它们在你的人生轨迹中留下了什么？

新行为主义代表人物阿尔伯特·班杜拉认为，**人们不只是由外部事件塑造的；他们通过自己选择的活动塑造自己。**

一场不会停的大雨

"这是我第二次去重庆。"这是祁敏进入咨询室后同我说的第一句话。她右手撑着半边脸颊，左手摆弄着手里的一次性纸杯，缓缓开口道。面前女孩的眼妆被眼泪晕开，深色的眼线将眼睛周围晕染得漆黑如墨。"这一次到这座城市是去参加研究生复试的。我是'二战'考生，第一年初试没有过国家线，第二年脱产在家全职备考。千辛万苦进入复试，却被我搞砸了。"

当被念到名字走进教室的时候，祁敏看着灰蒙蒙的天，忽然脑海中一片空白，她甚至不知道自己为什么会出现在这个陌生的地方。她拼命回想，但是来不及了，她已经站在考官面前开始发言。"开始我说不出一句话，后来终于开口，但我只能感觉到我的嘴巴在不停地发出嗡嗡声。"这种感觉一直持续到祁敏踏出那所学校的大门。她漫无目的地走着，直到轰隆隆的雷声在耳边响起，天空开始下雨，她终于恢复了正常。

祁敏激动地向我描述那个一次次出现在她梦中的场景："我和很多人一起在公交站台避雨，公交车一辆一辆地驶来，把他们一个一个都接走了，最后空荡荡的站台只剩下我自己。**雨明明没有落在我的身上，我却感觉自己湿透了，它流经我的四肢百骸。**"

考研失败后，祁敏的人生陷入了停摆状态，她常常痛恨自己在复试中的表现，也心疼两年的备考时间，她更因未来的走向而感到迷茫。"我也不知道考研到底意味着什么，是一份好工作的敲门砖还是对学科的热爱。我同样不知道未来要做什么，我几乎没有社会经验，目前企业招聘要求中的工作经验和学历我好像都不达标。祁毓的朋友来家里找她，她们两个人都顺利地考上了心仪的院校，她们微弱的交谈声、笑闹声从门外传来。我侧耳倾听，心里沉甸甸的。**每个人好像都在往前走，只有我一个人被困在重庆三月的一间教室里，被雨淋透的教室。**"祁敏喃喃自语道。

魔咒

我仍在思考那个她之前从未提起过的名字——祁毓。她是谁，为什么会引起她这么强烈的情绪波动？

　　"你相信'魔咒'吗？"祁敏忽然没头没脑地问了这样一句，不等我回答她又继续自顾自地说下去——"我相信。"后续的咨询中她开始谈及自己的童年，我也因此明白了所谓"魔咒"的含义。祁敏有一个双胞胎妹妹叫祁毓，她比祁敏晚出生 13 分钟。"我生来就不如祁毓，连名字都差她一截，她是钟灵毓秀，而我只是敏感迅捷。其实复试之前我就知道自己过不了，祁毓学校的复试时间比我的早，饭桌上她兴高采烈地讲着她复试的细节和那座城市的樱花。我低头拨弄着碗里的饭粒，不去看她飞扬的眉眼。明明我们长得一模一样，我却无法透过她的脸孔感知到任何和我的相似之处，我们是如此不同，我似乎生长在她的影子里。"

　　双胞胎在成长过程中由于其相似性备受关注，个体之间的差异也就愈加被放大，变成辨识她们的标签。**"我对她的感情很复杂，我嫉妒她，但我更爱她。我们长着一模一样的脸，我们是这个世界上最亲密的存在。"**在这对双胞胎的成长过程中，祁毓总是拥有更好的学习成绩、更好的人际关系，甚至拥有父母更多的宠爱。祁敏时时刻刻居于祁毓的光环之下，备感痛苦。

　　"自我实现预言"这个概念由美国社会学家罗伯特·默顿提出，是指一个人的信念或期望会影响其行为，从而导致这些信念或期望最终变成现实。

　　"我永远都比祁毓差。"这是祁敏内心深处的秘密，是她面对一切不如意时说出的魔咒。祁毓考试成绩比自己高？没关系，反正我本来就比她差；祁毓又在竞赛中获奖了？没关系，反正我本来就不如她……祁敏秉持着这个核心信念，在面对任何她无法解决的难题时，她都不再需要检视自己的不足，不再需要感知自己真实的需求，不再需要关注自我成长。祁毓的每次成功，似乎都伴随着祁敏的失败。因此，看着顺利完成复试的祁毓，祁敏在踏上考场前就默默宣告了自己必败无疑。

　　当我向祁敏指出这一点的时候，她几乎要苦笑出声来。她似乎无法接受自己真的为自己编造了一句预言，并不断地用养料去滋养它，让它成长得遮天蔽日，只为了验证自己的失败。祁敏开始认真思考这个说法，并想要深入过往去厘清自己的成长轨迹。

雨淋湿世界，也浇灌希望

第一，审视过去，寻找事件的真相。

祁敏着手整理与魔咒相悖却被她遗忘的事实：她从小练习书法，写得一手漂亮的行楷，祁毓总是缠着自己帮她写封皮上的名字；从小到大，她的体育成绩一直比祁毓的好，自己一直是运动会接力赛的种子选手；祁毓偶尔做事急躁冒进，不考虑得失，自己总是深思熟虑，帮她分析利弊……当她从头开始看自己梳理的笔记时，她惊讶得几乎说不出话。

第二，审视自我，寻找失败的原因。

祁敏开始回顾过去的失败经历，探寻它们背后真正的原因。比如，她逐渐发现，考试失利是因为自己一直抱着必然会失败的想法，根本没有好好复习。

第三，审视现实，寻找希望。

在与过去的不断和解中，魔咒的力量在被一点点削弱。我开始鼓励她创造新的"魔咒"，与过去那些相反的一句。她欣然同意了我的设想，并郑重地在纸上写下了新预言——"我和祁毓，都会拥有光辉灿烂的一生。"

最近一次和祁敏联系是因为咨询回访。她和祁毓自驾去了新疆。我注意到她剪了齐耳短发，女孩的眼睛亮亮的，像是明媚的春光落了进去。"伊犁河谷的风，和阳光一起落在我身上。光是热的，它让我的肌肤发烫；风是冷的，它让我生出一层细密的鸡皮疙瘩。长久以来身上的重负忽然像云朵一样轻盈地飞走了，我的身体和灵魂也一并变得轻盈起来。"

祁敏眼神望向窗外，沉默许久最终开口道："现在的我甚至感谢那场雨，灰蒙蒙的天气里，雨打湿了我的世界，却也在那时真正地勾勒出了我生命的轮廓。渐渐地，我发现我是自由鲜活的，世界是无垠辽阔的。我迫不及待地想要去体验这世间的种种，无论喜悦还是悲伤，它们都是生命的馈赠，我开始慢慢接受发生在我身上的一切际遇。"

一场雨落下，总有些种子在扎根，总有些生命在萌芽。无论顺境还是逆境，只要向前走，一切发生都有意义。祁敏同我分享道："还有，关于那场雨，祁毓说，'雨淋湿世界，也浇灌希望。'我开始期待落在这世界上的每一场雨了。"